工业和信息化人才培养规划教材

Industry And Information Technology Training Planning Materials

Technical And Vocational Education

高职高专计算机系列

计算机组装与维护实践教程

Computer Assembly and Maintenance

郭江峰 ◎ 主编

姚素红 ◎ 副主编

U0274160

人民邮电出版社

北 京

图书在版编目（ＣＩＰ）数据

计算机组装与维护实践教程 / 郭江峰主编. -- 北京
: 人民邮电出版社，2012.9
工业和信息化人才培养规划教材. 高职高专计算机系
列
ISBN 978-7-115-28259-0

Ⅰ. ①计… Ⅱ. ①郭… Ⅲ. ①电子计算机－组装－高
等职业教育－教材②计算机维护－高等职业教育－教材
Ⅳ. ①TP30

中国版本图书馆CIP数据核字(2012)第184457号

内 容 提 要

本书采用任务驱动的方式，系统地介绍了计算机系统的软硬件组成、硬件组装、故障排除与维护技巧。全书共 12 章，内容包括：计算机系统组成与分类、计算机硬件性能与选购、计算机硬件组装、BIOS 设置、硬盘的分区与格式化、安装操作系统与驱动程序、系统性能测试、计算机常见故障处理、系统的优化与维护、数据的备份与还原、局域网架设与连接、办公设备应用与维护。

本书在内容安排上力求做到易学易用，注重实践性和操作性。书中提供了丰富的实例，图文并茂，语言流畅，可以使读者快速掌握计算机系统的组装与维护技能。同时，对常用的工具软件及办公设备的应用与维护也进行了介绍。

本书可作为高职高专院校计算机专业及其他工科专业的教材，也可作为计算机组装维护的培训用书以及从事计算机组装与维护的技术人员的参考用书。

工业和信息化人才培养规划教材——高职高专计算机系列

计算机组装与维护实践教程

- ◆ 主　　编　郭江峰
- 副 主 编　姚素红
- 责任编辑　王　威
- ◆ 人民邮电出版社出版发行　　北京市崇文区夕照寺街 14 号
  邮编　100061　电子邮件　315@ptpress.com.cn
  网址　http://www.ptpress.com.cn
  北京隆昌伟业印刷有限公司印刷
- ◆ 开本：787×1092　1/16
  印张：17　　　　　　　　　2012 年 9 月第 1 版
  字数：437 千字　　　　　　2012 年 9 月北京第 1 次印刷
  ISBN 978-7-115-28259-0

定价：35.00 元

读者服务热线：**(010)67170985**　印装质量热线：**(010)67129223**
反盗版热线：**(010)67171154**

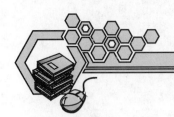

前言

随着信息技术的发展，计算机已经成为人们工作和生活中不可缺少的工具。在计算机的使用过程中，普通用户会面临各种各样的问题，如系统硬件故障、软件故障、病毒防范、局域网组建等。如果不能及时有效地处理好这些问题，将会给用户的工作和生活带来影响。为了使广大学生能够独立选购符合自己需要的计算机，能对常见的软、硬件故障进行判断与处理，维护计算机使其在日常使用过程中高效稳定地运行，熟练掌握常见工具软件的使用技巧，我们编写了本书。

本书以当前主流配置的计算机为主要讲解对象，详细地介绍了各种主流配件的选购、组装、维护、常见故障的排除以及办公设备的应用与维护。

本书在编写过程中注重实践技能的培养，选取用户在计算机使用过程中可能遇到的典型任务来组织教材内容。以任务为主线，通过"任务分析"，为用户明确学习目标；通过"相关知识"，为用户介绍少而精的理论知识；在"任务实施"中，通过详细的操作步骤，引导用户掌握解决实际问题的技能。本书的编写得到了校企合作单位的大力支持，同时融入了企业培训员工的实际工程经验和典型案例，具有较强的实践性和操作性。

本书内容新颖、层次清楚、叙述准确、重点突出。坚持理论与实践紧密结合，注重操作技能的培养。本书还提供了丰富的实例，学生只需按照给出的步骤实际操作即可掌握，不仅大大降低了学习难度，而且有助于实际技能的培养，方便自学。

本书由郭江峰任主编，姚素红任副主编，胡为民、李慧、杨帆参编。第8、9、11章由郭江峰编写；第5、6、7章由姚素红编写；第1、10章由胡为民编写；第2、3章由李慧编写；第4、12章由杨帆编写。在本书编写过程中，得到了连邦软件（南通）有限公司的大力支持，在此表示衷心感谢。

由于计算机硬件技术发展迅速，加之编者水平有限，书中的缺点和不足在所难免，敬请读者批评指正。

编者
2012 年 6 月

目 录

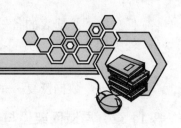

第1章

计算机系统组成与分类

1946年，在美国诞生了世界上第一台计算机 ENIAC（Electronic Numerical Integrator And Calculator，电子数字积分器与计算器），如图 1-1 所示。它是为了满足美国奥伯丁武器试验场计算弹道需要而研制的。经过六十多年的发展，现在的计算机不仅功能异常强大，而且在人类生活和工作的各个领域得到了广泛应用，对社会的发展产生了深远的影响。

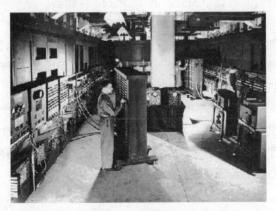

图 1-1　ENIAC

任务一　认识计算机系统

一、任务分析

能正确认识计算机系统，理解组成计算机系统的硬件系统和软件系统。

二、相关知识

（一）计算机系统的层次结构

一个完整的计算机系统由硬件系统和软件系统两部分组成。构成计算机系统的硬件系统和软件系统是按一定的层次关系组织起来的。根据计算机系统的组成和功能，可以把计算机系统分为硬件层、操作系统层、实用程序层和应用程序层共 4 个层次，如图 1-2 所示。

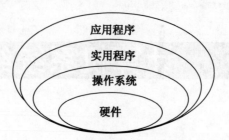

图 1-2　计算机系统的层次结构图

每一层表示一组功能，表现为一种单向服务的关系，即上一层的软件必须以事先约定的方式使用下一层软件或硬件提供的服务。

1. 硬件层

硬件层包括所有硬件资源，如中央处理器（CPU）、存储器、输入/输出设备等。

2. 操作系统层

操作系统层主要功能是对系统所有的软硬件资源进行合理而有效的管理和调度，提高计算机系统的整体性能，主要实现处理器管理功能、存储器管理功能、设备管理器功能和文件管理功能。操作系统是用户和计算机之间的接口，是其他软件的运行基础。

3. 实用程序层

实用程序层是计算机系统软件的基本组成部分，通常包括各种语言的编译程序、文本编辑程序、调试程序、连接程序、系统维护程序、终端通信程序、数据库管理系统等，其功能是为应用层软件及最终用户处理自己的程序或数据提供服务。

4. 应用程序层

应用程序层处于计算机系统的最外层，用来解决用户不同的应用问题。应用软件包括用户在操作系统和实用软件支持下自己开发的专用软件，以及软件厂家为行业用户开发的通用软件（如办公软件、财务软件）等，应用程序层是最终用户使用的界面。

（二）计算机的组成

一个完整的计算机系统包括硬件系统和软件系统两大部分，硬件系统是计算机工作的物质基础。只有硬件而没有安装软件的计算机称为"裸机"。"裸机"是无法直接为用户提供服务的，只有在软件系统的支持下，计算机才能发挥其作用。硬件系统和软件系统相互依赖，不可分割，共同组成了完整的计算机系统。

三、任务实施

（一）理解计算机的硬件系统

1. 计算机硬件系统的作用

计算机硬件系统是指构成计算机的所有实体部件的集合，主要是指计算机中使用的电子线路和物理装置，它们都是看得见摸得着的，故通常称为硬件。

计算机硬件系统的基本功能是通过接受计算机程序的控制来实现数据输入、运算和数据输出等一系列的操作。硬件系统是计算机实现各种功能的物理基础，计算机进行信息交换、处理和存储等操作都是在软件的控制下，通过硬件来实现的。

2. 计算机硬件的基本组成

绝大多数计算机都是根据冯·诺依曼计算机体系结构的思想来设计的，因此具有共同的基本配置，即都是由运算器、控制器、存储器、输入设备和输出设备这五个部件组成的，另外还必须由总线加以连接。这种硬件结构也可称为冯·诺依曼结构，如图 1-3 所示。

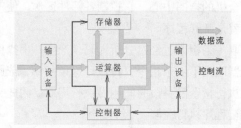

图 1-3　计算机硬件的基本组成

计算机各部件之间的联系是通过两股信息流动而实现的，宽的一股代表数据流，窄的一股代表控制流。数据由输入设备输入至运算器，再存于存储器中。在运算处理过程中，数据从存储器读入运算器进行运算，运算的中间结果存入存储器，或由运算器经输出设备输出。指令也以数据形式存于存储器中，运算时指令由存储器送入控制器，由控制器产生控制流控制数据流的流向并控制各部件的工作，对数据流进行加工处理。

（1）运算器。运算器是完成二进制编码的算术或逻辑运算的部件。运算器由累加器（用符号 A 表示）、通用寄存器（用符号 B 表示）和算术逻辑运算单元（用符号 ALU 表示）组成，其核心是算术逻辑运算单元，其结构如图 1-4 所示。

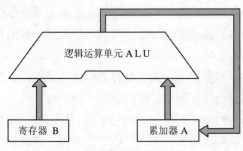

图 1-4　运算器结构示意图

通用寄存器 B 用于暂存参加运算的一个操作数，此操作数来自总线。现代计算机的运算器有多个寄存器，称之为通用寄存器组。

累加器 A 是特殊的寄存器，它既能接受来自总线的二进制信息作为参加运算的一个操作数，向算术逻辑运算单元 ALU 输送，又能存储由 ALU 运算的中间结果和最后结果。算术逻辑运算单元由加法器及控制门等逻辑电路组成，以完成 A 和 B 中的数据的各种算术与逻辑运算。

（2）存储器。存储器的主要功能是存放程序和数据。不管是程序还是数据，在存储器中都是用二进制的形式表示，统称为信息。

目前，计算机采用半导体器件来存储信息。数字计算机的最小信息单位称为位（bit），即一个二进制代码。能存储一位二进制代码的器件称为存储元。

通常，CPU 向存储器送入或从存储器取出信息时，不能存取单个的"位"，而是用 B（字节）和 W（字）等较大的信息单位来工作。一个字节由 8 位二进制位组成，而一个字则至少由一个以上的字节组成。通常把组成一个字的二进制位数叫做字长。

在存储器中把保存一个字节的 8 位触发器称为一个存储单元。存储器是由许多存储单元组成的。每个存储单元对应一个编号，用二进制编码表示，称为存储单元地址。存储单元的地址只有一个，是固定不变的，而存储在存储单元中的信息是可以更换的。

（3）控制器。控制器是全机的指挥中心，它控制各部件运作，使整个机器连续地、有条不紊地工作。控制器工作的实质就是解释程序。

控制器每次从存储器读取一条指令，经过分析译码，产生一串操作命令，发向各个部件，进行相应的操作。接着从存储器取出下一条指令，再执行这条指令，依此类推。通常把取指令的一段时间叫做取指周期，而把执行指令的一段时间叫做执行周期。因此，控制器反复交替地处在取指周期与执行周期之中，直至程序执行完毕。

（4）输入/输出设备。输入设备是外界向计算机传送信息的装置，它将人们的信息形式转换成计算机能接收并识别的信息形式。目前常用的输入设备有键盘、鼠标、数字扫描仪以及手写笔等。

输出设备将计算机运算结果的二进制信息转换成人们所熟悉的信息形式，如字符、文字、图形、图像、声音等。目前常用的输出设备有显示器、打印机、绘图仪等。

计算机的输入/输出设备通常被称为外围设备。这些外围设备种类繁多速度各异，因此它们不能直接地同高速工作的主机相连接，而是通过适配器部件与主机联系。适配器的作用相当于一个转换器，它可以保证外围设备按计算机系统所要求的形式发送或接收信息，使主机和外围设备并行协调地工作。

（5）总线。计算机硬件之间的连接线路分为网状结构与总线结构，绝大多数计算机都采用总线（BUS）结构。系统总线是构成计算机系统的骨架，是多个系统部件之间进行数据传送的公共通路。借助系统总线，计算机在各系统部件之间实现传送地址、数据和控制信息的操作。

3．实际硬件组成

以上介绍的计算机硬件，是根据冯·诺依曼计算机体系结构的思想进行的划分，可以将其理解为逻辑硬件，它们并不和我们在实际中看到的硬件一一对应。

从实际外观来看，计算机的硬件系统主要包括主机、显示器、键盘、鼠标和其他外围设备。

（1）主机。主机包括主机箱、电源、主板、CPU、内存、硬盘驱动器、光盘驱动器、显卡、声卡以及各种电源线和信号线等。除机箱外，其他部件都安装在机箱的内部。因此，从外观上看，主机就是计算机的主机箱，如图 1-5 所示。

① 机箱是电脑主机的外壳，起着固定和保护主板、CPU、硬盘等设备的作用。此外，机箱还可以隔离主机电子设备产生的电磁辐射，保护用户的健康不受影响，如图 1-6 所示。

图 1-5　主机

图 1-6　机箱

② 主板（MainBoard）也称为系统板，是一块控制和驱动计算机的印刷电路板，通常为矩形，如图 1-7 所示。主板上面分布着南桥、北桥芯片、声音处理芯片、各种电容和电阻以及相关的插槽等，用于连接 CPU、内存、显卡、声卡、网卡等组件。

图 1-7　主板

③ CPU（Central Processing Unit），即中央处理器，是计算机硬件系统的核心部件。它主要包括运算器和控制器两个部分，负责计算机中指令的执行、数学与逻辑的运算、数据的存储与传送，以及对内、对外输入与输出的控制。CPU 外观如图 1-8 所示。

图 1-8　CPU

④ 内存是计算机中存储临时数据的重要设备，用来存放计算机运行时所需的程序和数据。在加电情况下，CPU 可以直接对内存进行读/写操作，当断电后，内存中的数据将全部丢失。内存外观如图 1-9 所示。

图 1-9　内存

⑤ 硬盘是计算机中最重要的存储设备，它采用全密封设计，将盘片和驱动器放在一起，具有高速和稳定的特点。存储技术的发展使得硬盘的存储容量不断扩大，目前主流硬盘的容量已经达到了 TB 级别。硬盘外观如图 1-10 所示。

⑥ 光盘驱动器主要用于读取 CD-ROM、DVD-ROM、VCD、CD、CD-R 等光盘媒介中的数据，其外观如图 1-11 所示。随着光盘数据容量的不断提高，DVD 光驱已成为主流配置。光驱按照结构和功能可分为普通光驱与刻录机，普通光驱只能读取数据，如 CD-ROM 和 DVD-ROM；刻录机不仅可以读取数据，也可以向光盘中写入数据，如 CD 刻录机、COMBO 和 DVD 刻录机。

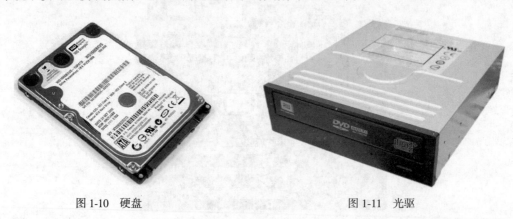

图 1-10　硬盘　　　　　　　　　　　　　　图 1-11　光驱

⑦ 显卡的用途是将计算机所需要的显示信息进行转换，并向显示器提供扫描信号，控制显示器的正确显示。显卡是连接主机和显示器的重要组件，其功能的强大与否将直接影响计算机多媒体功能的发挥。显卡的外观如图 1-12 所示。

图 1-12　显卡

⑧ 声卡用来实现声波与数字信号间的相互转换，其基本功能是把来自话筒、光盘的原始声音信号加以转换，输出到扬声器、耳机等声响设备中，此外它也可以通过麦克风等装置采集声音信号。声卡的外观如图 1-13 所示。

图 1-13　声卡

（2）显示器。显示器是重要的输出设备，用户输入的内容和计算机中的影像、文字、图片等信息都需要通过显示器呈现出来。

根据显示原理不同，显示器可以分为 CRT 显示器和 LCD（液晶）显示器两种，如图 1-14 所示。

图 1-14　CRT 显示器与 LCD 显示器

（3）键盘和鼠标。键盘和鼠标是计算机中最主要的输入设备，计算机所需要处理的程序、数据和各种操作命令主要是通过它们输入的。键盘和鼠标的外观如图 1-15 所示。

（4）其他外围设备。其他外围设备简称外设，主要包括打印机、扫描仪、绘图仪等。打印机的外观如图 1-16 所示。

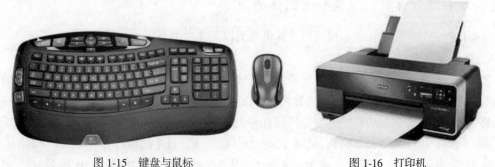

图 1-15　键盘与鼠标　　　　　　　　　图 1-16　打印机

（二）理解计算机的软件系统

1. 计算机软件系统的作用

软件系统是控制整个计算机硬件系统工作的程序集合。软件的应用主要是为了充分发挥计算机的性能、提高计算机的使用效率、方便用户与计算机之间交流信息。

2. 计算机软件系统的分类

软件系统按功能可分为系统软件和应用软件两类。

（1）系统软件。系统软件的主要作用是对计算机的软、硬件资源进行管理，并提供多种服务。系统软件居于软件系统的最底层，同时也最靠近硬件。系统软件包括操作系统、程序设计语言、数据库管理系统和服务性程序等。

其中操作系统是最常见和最基本的系统软件，它是整个软件系统的核心，用于控制和协调计算机硬件的工作，并为其他软件提供平台。常见的操作系统有 Windows XP、Windows Server 2003、Windows 7、UNIX 等。

（2）应用软件。为了解决各类实际问题而设计的程序系统称为应用软件，它是在系统软件的基础上编制而成的。从其服务对象的角度来看，应用软件可分为通用软件和专用软件两类。

① 通用软件通常是为解决某一类问题而设计的，而这类问题是很多人都要遇到和解决的。如文字处理、表格处理等问题，为此开发了办公软件 Microsoft Office、WPS Office 等。计算机辅助设计软件 AutoCAD、图像处理软件 Photoshop 等也都属于通用软件。

② 专用软件是为了解决用户某一个特殊问题而专门设计的软件。例如，专门为某个中学定制开发的学生信息管理系统，这类软件可能适用于某些客户，而对于其他客户来说可能是不适合的。

任务二 掌握计算机的分类

一、任务分析

计算机的种类很多，其分类方法也很多，根据常用的分类方法，掌握计算机的分类。

二、相关知识

（一）按照计算机的规模和性能分类

根据计算机的规模和性能，可以将计算机分为以下 5 种类型。

1. 巨型计算机

巨型计算机也称为超级计算机，它是速度最快、体积最大、功能最强而且价格也最贵的计算机。巨型机拥有多个处理器，各个处理器之间可以并行工作，同时完成多个任务，如图 1-17 所示。它主要应用于国防和尖端的科技领域。目前世界上运行最快的巨型计算机速度已达每秒数千万亿次运算。例如，2011 年 6 月 21 日，国际 TOP500 组织宣布，日本超级计算机"京"（K computer）以每秒 8162 万亿次浮点运算速度成为当时全球最快的超级计算机。2010 年 10 月 28 日，中国高性能计算机 TOP100 组织发布数据，由国防科技大学与天津滨海新区共同研发的"天河一号"超级计算机系统已经完成二期工程，工程系统峰值性能达到每秒 4700 万亿次，其运算速度与能效达到国际领先水平。

图 1-17　巨型计算机

2. 大型计算机

大型计算机简称为大型机，是用来处理大容量数据的机器。大型机体系结构的最大好处是无与伦比的 I/O 处理能力。虽然大型机处理器并不总是拥有领先优势，但是它们的 I/O 体系结构使它们能处理好几个 PC 服务器放一起才能处理的数据。因此，虽然小型计算机的到来使得新型大型机的销售明显放慢，但大型机仍然拥有一定的市场地位。欧盟委员会称，目前全球绝大多数企业数据依然存储在大型机上。

在 20 世纪 60～80 年代，信息处理主要是采用"主机＋终端"的方式，即主机集中式处理方式。无论是大型机本身还是它的维护成本都相当昂贵。因此，能够使用大型机的企业寥寥可数。进入 20 世纪 80 年代以后，随着个人计算机和各种服务器的高速发展，大型机的市场变得越来越小，很多企业都放弃了原来的大型机改用小型机和服务器。进入 20 世纪 90 年代后，经济进入全球化，信息技术得以高速的发展，随着企业规模的扩大，信息分散管理的弊端越来越多，运营成本迅速增长，信息集中成了不可逆转的潮流。这时，人们又把目光集中到大型机身上，大型机的市场逐渐恢复了活力。20 世纪 90 年代后期，大型机的技术得以飞速发展，其处理能力也大踏步的进行了提高。在民用领域，IBM 已经完全占据了大型机的市场。大型机如图 1-18 所示。

图 1-18　大型计算机

3．小型计算机

小型计算机是相对于大型计算机而言的。小型计算机的软件、硬件系统规模比较小，但价格低、可靠性高、便于维护和使用。由于大型主机价格昂贵，操作复杂，只有大企业大单位才能买得起。20 世纪 60 年代，在集成电路推动下，DEC 推出一系列小型机，如 PDP-11 系列、VAX-11系列，HP 公司也推出 1000、3000 系列等。随着性能的不断提高，高性能小型计算机的处理能力已达到或超过了低档大型计算机的能力。因此，小型计算机和大型计算机的界线也有了一定的交错。小型机如图 1-19 所示。

图 1-19　小型计算机

4．工作站

工作站与高档微机之间的界限并不十分明显，而且高性能工作站的功能正在接近小型机，甚至接近性能较差的低端大型主机。工作站有以下明显的特征：使用大屏幕、高分辨率的显示器；有大容量的内外存储器；大部分具有网络功能。工作站如图 1-20 所示。

图 1-20　工作站

5．微型计算机

微型计算机也称个人计算机或微机，是由大规模集成电路组成的、体积较小的电子计算机。

自 1981 年美国 IBM 公司推出第一代微型计算机 IBM-PC 以来，微型机以其执行结果精确、处理速度快捷、性价比高、轻便小巧等特点迅速进入社会各个领域，且技术不断更新、产品快速换代，从单纯的计算工具发展成为能够处理数字、符号、文字、语言、图形、图像、音频、视频等多种信息的强大多媒体工具。

微型计算机可分为台式机和笔记本电脑两类。台式机的主机、显示器等设备是相对独立的，一般需要放置在电脑桌或者专门的工作台上，因此命名为台式机。多数人在家里和公司用的计算机都是台式机。笔记本电脑又称为手提电脑或膝上型电脑，是一种小型、可携带的个人电脑。它具有体积小、重量轻，便于外出携带的特点，性能与台式机相当，但价格较高。微型计算机如图1-21 所示。

图 1-21 微型计算机

（二）按照计算机的用途和使用范围分类

根据计算机的用途和使用范围，可以将计算机分为以下两种类型：

1. 专用计算机

专用计算机是专为解决某一特定问题而设计制造的电子计算机，一般拥有固定的存储程序。如控制轧钢过程的轧钢控制计算机，计算导弹弹道的专用计算机等。专用计算机具有解决特定问题的速度快、可靠性高，结构简单等特点，但它的适应性较差，不适合于其他领域的应用。

2. 通用计算机

通用计算机是指各行业、各种工作环境都能使用的计算机。平时我们购买的品牌机、兼容机都是通用计算机。通用计算机适应性很强，应用面很广，但与专用计算机相比，其结构复杂、价格昂贵。

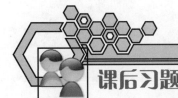

课后习题

一、选择题

1. （　　）是对计算机全部软、硬件资源进行控制和管理的程序。

　A．操作系统　　　　　　　　　B．语言处理程序

　C．连接程序　　　　　　　　　D．诊断程序

2. 在下列系统软件中，属于操作系统的软件是（　　）。

　A．Word 2003　　　　　　　　B．WPS

　C．Windows XP　　　　　　　D．Office 2003

3. 下列设备中属于输出设备的是（　　　）。

    A. 鼠标　　　　　　　　B. 键盘　　　　　　　　C. 打印机　　　　　　　　D. 扫描仪

4. 微型计算机的核心部件是（　　　）。

    A. 控制器　　　　　　　B. 存储器　　　　　　　C. 运算器　　　　　　　D. CPU

二、填空题

1. 计算机系统通常由_____和_____两部分组成。

2. 计算机软件系统分为_____和_____两类。

3. 计算机的输入输出设备中，显示器、音箱属于_____，键盘、鼠标属于_____。

4. 根据冯·诺依曼计算机体系结构，计算机硬件由_____、_____、存储器、输入设备和输出设备这五个部件组成。

5. 根据计算机的规模和性能，可以将计算机分为_____、_____、小型计算机、工作站和_____。

第 2 章

计算机硬件性能与选购

任务一　理解 CPU 的性能与选购

一、任务分析

能正确理解 CPU 的性能，并能根据 CPU 的性能指标选购合适的 CPU。

二、相关知识

（一）CPU 概述

CPU 是 Central Processing Unit 的缩写，即中央处理器。CPU 是计算机的核心部件，计算机的运算、控制都是由它来处理的。CPU 是一台计算机性能最关键和最具代表性的部件，人们常以此来判定计算机的档次。

CPU 从诞生至今，从 8086、80286、80386、80486、Pentium、Pentium Ⅱ 逐步发展到 Pentium Ⅲ、Pentium4、64 位处理器、多核处理器。按照其处理信息的字长，CPU 可以分为 4 位、8 位、16 位、32 位以及 64 位处理器。

（二）CPU 的性能指标

要理解 CPU 的性能指标，首先了解一下 CPU 的工作原理：CPU 从存储器或高速缓冲存储器中取出指令，放入指令寄存器，并对指令译码。它把指令分解成一系列的微操作，然后发出各种控制命令，执行微操作系列，从而完成一条指令的执行。

指令是计算机规定执行操作的类型和操作数的基本命令。指令是由一个字节或多个字节组成的，其中包括操作码字段、一个或多个有关操作数地址的字段以及一些表征机器状态的状态字和特征码。有的指令中也直接包含操作数本身。

CPU 作为整个计算机的核心，其性能大致上反映出了它所配置微机的性能。

CPU 的主要性能指标包括：

1．频率

CPU 的频率主要分为主频、外频和倍频。

主频又称为时钟频率，用来表示 CPU 的运算、处理数据的速度，单位通常为兆赫（MHz）或千兆赫（GHz），频率越高，CPU 运算速度越快。例如某 CPU 的型号是 Intel Core 2 Duo E8200 2.8GHz，其中 2.8GHz 就是其主频。

外频是 CPU 的基准频率，单位是 MHz，CPU 的外频决定着整块主板的运行速度。通常所说的"超频"操作，就是超 CPU 的外频，外频提高了，主频也随之提高。

倍频也称倍频系数，是 CPU 主频与外频之间的相对比例关系。CPU 的主频=外频×倍频。在相同的外频下，倍频越高 CPU 的频率也越高。但实际上，在相同外频的前提下，高倍频的 CPU 本身意义并不大。这是因为 CPU 与系统之间数据传输速度是有限的，如果一味追求高主频而得到高倍频的 CPU 就会出现明显的"瓶颈"效应——CPU 从系统中得到数据的极限速度不能够满足 CPU 运算的速度。一般除了工程样版外，CPU 都是锁了倍频的。

2．前端总线频率

前端总线（FSB）频率，即总线频率，它直接影响 CPU 与内存之间数据交换的速度。

CPU 通过前端总线连接到主板的北桥芯片，进而通过北桥芯片和内存、显卡交换数据。前端总线是 CPU 和外界交换数据的最主要通道，因此前端总线的数据传输能力对计算机整体性能作用很大，如果没有足够快的前端总线，再强的 CPU 也不能明显提高计算机整体速度。数据传输最大带宽取决于所有同时传输的数据的宽度和传输频率，即数据带宽=（总线频率×数据位宽）÷8。目前 PC 机上所能达到的前端总线频率有 333MHz、400MHz、533MHz、800MHz、1066MHz、1333MHz 等 6 种。前端总线频率越大，代表着 CPU 与北桥芯片之间的数据传输能力越强，更能充分发挥出 CPU 的功能。

前端总线频率与外频的区别在于：前端总线的速度指的是数据传输的速度，外频是 CPU 与主板之间同步运行的速度。

3．工作电压

工作电压是指 CPU 正常工作所需的电压。工作电压越低，说明 CPU 运行时的损耗越低，制造工艺越先进。目前主流 CPU 的工作电压一般都低于 1.5V。

4．高速缓存 Cache

高速缓存指高速缓冲存储器，简称缓存（Cache），一般位于 CPU 与主存储器之间，当内存的速度满足不了 CPU 速度的要求时，速度比内存快的缓存可以为 CPU 和内存提供一个高速的数据缓冲区域，它使得数据可以更快地和 CPU 进行交换。CPU 读取数据的顺序是：先在缓存中寻找，找到后就直接进行读取；如果未找到，才从主存储器中进行读取。

5．多核

多核是指在一枚处理器中集成两个或多个完整的计算引擎（内核）。

由于功耗问题限制了单核处理器向更高的性能发展，因此采用了多核设计，这样就可以使

CPU 的性能功耗比得到有效提升。

除了以上主要性能指标之外，目前的主流 CPU 中，还具有超线程技术、睿频加速技术等，具有这些功能的 CPU 更为强大。

超线程技术（Hyper-Threading，简称 HT）就是利用特殊的硬件指令把两个逻辑内核模拟成两个物理芯片，让单个处理器都能使用线程级并行计算，进而兼容多线程操作系统和软件，减少 CPU 的闲置时间，从而提高 CPU 的运行效率。

睿频加速技术使得 CPU 的主频可以在某一范围内根据处理数据需要自动调整主频。CPU 自动监测当前工作功率、电流和温度是否已达到最高极限，如仍有多余空间，CPU 会逐渐提高活动内核的频率，以进一步提高当前任务的处理速度；当程序只用到其中的某些核心时，CPU 会自动关闭其他未使用的核心。加入此技术的 CPU 不仅可以满足用户多方面的需要，而且更为省电，具有更高的智能特点。

Intel 公司于 2010 年推出的新一代处理器酷睿 i7/i5/i3 系列，就采用了睿频加速技术和超线程技术。图 2-1 为 Intel i5 的外观。

图 2-1　Intel i5 CPU

三、任务实施

（一）熟悉 CPU 的两大厂商

Intel 和 AMD 是全球两大 CPU 巨头，正是由于它们的相互竞争才让 CPU 技术发展得如此迅速，个人计算机中使用的 CPU 基本上都是由这两家公司提供的。

1．Intel 系列

目前，Intel 公司针对台式机的 CPU 主要有 Intel 酷睿处理器系列、Intel 奔腾处理器系列、Intel 赛扬处理器系列。

（1）Intel 酷睿处理器。酷睿处理器的英文名是 Core，采用 800MHz～1333MHz 的前端总线速率，45nm/65nm 制作工艺，2M/4M/8M/12M/16M L2 缓存。

① 酷睿一代（Core）用于移动计算机即作为笔记本处理器使用的，是一款领先节能的新型微架构，上市不久即被 Core 2 取代。

② 酷睿二代（Core 2 Duo）是 Intel 推出的新一代基于 Core 微架构的产品体系统称，是一个跨平台的构架体系，涉及服务器版、桌面版、移动版三大领域。其中，服务器版的开发代号为 Woodcrest，桌面版的开发代号为 Conroe，移动版的开发代号为 Merom。

酷睿 2 双核 E 系列的主要产品如表 2-1 所示。

表 2-1 酷睿 2 双核 E 系列产品的主要参数

型　号	CPU 主频	FSB 总线	制作工艺	二级缓存
E8500	3.16GHz	1333 MHz	45nm	6MB
E8400	3GHz	1333 MHz	45nm	6MB
E8200	2.66GHz	1333 MHz	45nm	6MB
E8190	2.66GHz	1333 MHz	45nm	6MB
E7600	3.06GHz	1066 MHz	45nm	3MB
E7500	2.93GHz	1066 MHz	45nm	3MB
E6800	3.33GHz	1066 MHz	45nm	2MB
E6700	3.2GHz	1066 MHz	45nm	2MB
E6600	3.06GHz	1066 MHz	45nm	2MB
E6500	2.93GHz	1066 MHz	45nm	2MB
E6400	2.13GHz	1066 MHz	65nm	2×1MB
E6300	1.86GHz	1066 MHz	65nm	2×1MB

酷睿 2 双核 E7500 处理器如图 2-2 所示。

Intel 公司的酷睿二代除了 DUO 双核之外，同时还推出了 QUAD 四核处理器。面向台式机的 Intel 酷睿 2 四核处理器采用强大的多核技术，能有效处理密集计算和虚拟化工作负载。最新型 Intel 酷睿 2 四核处理器基于 45nm Intel 酷睿微体系结构，具有速度快、温度低、噪音小等优点，可满足下一代高线程应用的带宽需求，是台式机和工作站的理想选择。

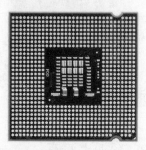

图 2-2 酷睿 2 双核 E7500 处理器

酷睿 2 四核 Q 系列的主要产品如表 2-2 所示。

表 2-2 酷睿 2 四核 Q 系列产品的主要参数

型　号	CPU 主频	FSB 总线	制作工艺	二级缓存
Q9650	3 GHz	1333 MHz	45nm	12 MB
Q9550	2.83 GHz	1333 MHz	45nm	12 MB
Q9505	2.83 GHz	1333 MHz	45nm	6 MB
Q9450	2.66 GHz	1333 MHz	45nm	12 MB
Q9400	2.66 GHz	1333 MHz	45nm	6 MB
Q9300	2.50 GHz	1333 MHz	45nm	6 MB
Q8400	2.66 GHz	1333 MHz	45nm	4 MB
Q8300	2.50 GHz	1333 MHz	45nm	4 MB
Q8200	2.33 GHz	1333 MHz	45nm	4 MB

③ 酷睿 i7 与 i5。Intel 公司将基于全新 Nehalem 架构的新一代桌面处理器命名为酷睿 i7（ Intel

Core i7）。酷睿 i7 为 64 位四核心 CPU，沿用 x86-64 指令集，以 Intel Nehalem 微架构为基础，取代 Intel Core 2 系列处理器。Core i7 处理器系列将不会再使用 Duo 或者 Quad 等字样来辨别核心数量，最高级的 Core i7 处理器配合的芯片组是 Intel X58。Core i7 处理器的目标是提升高性能计算和虚拟化性能。

酷睿 i7/i5 首次引入了智能动态加速技术 "Turbo Boost"（睿频），它能够根据工作负载，自动以适当速度开启全部核心，或者关闭部分限制核心、提高剩余核心的速度。

酷睿 i7 系列的主要产品如表 2-3 所示。

表 2-3　酷睿 i7 系列产品的主要参数

型　　号	核心线程	主　频	加速频率	二级缓存	三级缓存	制作工艺
Core i7-860	四核心八线程	2.8GHz	3.46GHz	4×256KB	8MB	45nm
Core i7-870	四核心八线程	2.93GHz	3.6GHz	4×256KB	8MB	45nm
Core i7-875K	四核心八线程	2.93GHz	3.6GHz	4×256KB	8MB	45nm
Core i7-880	四核心八线程	3.06GHz	3.73GHz	4×256KB	8MB	45nm
Core i7-930	四核心八线程	2.8GHz	3.06GHz	4×256KB	8MB	45nm
Core i7-940	四核心八线程	2.93GHz	3.2GHz	4×256KB	8MB	45nm
Core i7-950	四核心八线程	3.06GHz	3.33GHz	4×256KB	8MB	45nm
Core i7-960	四核心八线程	3.2GHz	3.46GHz	4×256KB	8MB	45nm
Core i7-970	六核心十二线程	3.2GHz	3.46GHz	6×256KB	12MB	32nm
Core i7-980	六核心十二线程	3.33GHz	3.6GHz	6×256KB	12MB	32nm
Core i7-2600	四核心八线程	3.4GHz	3.8GHz	4×256KB	8MB	32nm
Core i7-3820	四核心八线程	3.6GHz	3.8GHz	4×256KB	10MB	32nm

酷睿 i7-870 处理器如图 2-3 所示。

图 2-3　酷睿 i7-870 处理器

酷睿 i7 处理器价格较高，面向的是高端用户。此外，为了满足不同用户的需要，Intel 公司也推出了酷睿 i5 系统处理器。

酷睿 i5 处理器可以视为 Intel Core i7 派生的中低级版本，同样基于 Intel Nehalem 微架构。与 Core i7 支持三通道存储器不同，Core i5 只会集成双通道 DDR3 存储器控制器。采用 45nm 制作工艺的 Core i5 会有四个核心，不支持超线程技术，总共仅提供 4 个线程。L2 缓冲存储器方面，每一个核心拥有各自独立的 256KB，并且共享一个达 8MB 的 L3 缓冲存储器。

（2）Intel 奔腾处理器。Intel 奔腾处理器家族主要有 Intel Pentium 处理器至尊版（俗称 Pentium

EE）、Intel Pentium 双核处理器（俗称 Pentium D）、Intel Pentium 4 处理器产品系列。

（3）Intel 赛扬处理器。Intel 赛扬处理器家族主要针对低端市场，适合于入门级用户，能基本满足用户娱乐、学习的要求。

2．AMD 系列

AMD 公司的 CPU 相对来说价格更低，目前该公司生产的 CPU 主要有针对低端入门级市场的闪龙（Sempron）系列、面向中端市场的速龙（Athlon）系列和面向高端市场的羿龙（Phenom）系列。

图 2-4 为 AMD 公司的 Phenom 与 Athlon CPU。

图 2-4　Phenom 与 Athlon CPU

（二）CPU 的选购

决定一台 PC 的性能不仅仅取决于 CPU 的主频，内存大小、硬盘速度、板卡速度等都对整机性能起重要作用，因此我们不能盲目追求 CPU 的高频。由于 CPU 是个人计算机配件中价格最贵、降价也最快的部件，所以选购 CPU 的首要原则应该以适用为主。

在整机装配中，CPU 应该作为第一选购配件，只有 CPU 决定后我们才可以去选购主板、内存等其他部件。各品牌 CPU 在软件上完全兼容，Intel 平台和 AMD 平台基本没有区别，所以选购哪个品牌 CPU 完全取决于个人偏好。

在购买 CPU 时我们应注意以下 3 点。

1．明确购机目的

装配好的计算机是用来进行图形处理还是娱乐游戏，是仅用来处理文字表格等一般办公还是其他特殊用途。

如果是三维制图和 3D 图形用户，需要计算机拥有强大的 CPU、内存与硬盘作为后盾，这时可以选购四核及以上的 CPU，如酷睿 i5、i7，或 AMD 羿龙Ⅱ X4。

如果只是一般家用办公，目前市场主流 CPU 基本就能满足用户的要求。

2．根据自身经济实力

CPU 根据价格可分为 500 元以下（入门）、500～1000 元（主流）、1000～2000 元（高端）、2000 以上（旗舰级）。CPU 降价很快，建议初学者选购入门级或主流 CPU。

3．注意鉴别真假 CPU

市场上的 CPU 主要有原厂盒装和散装之分。一般来说，原厂盒装的价格要高些，同频的 CPU 盒装的比散装的贵几十元，盒装 CPU 的质保期一般为三年，而散装 CPU 的质保期一般为一年。

对盒装产品而言，用户可以参照以下方法鉴别 CPU 的真伪：

（1）看编号。原装 CPU 表面会有编号，从 CPU 外包装的小窗往里看是可以看到编号的。原装 CPU 的编号清晰，而且与外包装盒上贴的编号一致，很多翻包 CPU 会把 CPU 上的编号磨掉。原装 CPU 说明书封套上的字体细致、图像清晰，假货则字体粗糙、图像模糊。

（2）官方查询。随着科技发展，造假技术越来越高，如果不能够判断所买 CPU 是不是原装，可以按照包装上的说明用 Intel 或 AMD 厂商提供的方式查询所买 CPU 的真伪。

（3）软件检测。除了编号之外，伪劣 CPU 的性能与原装 CPU 的性能有一定的差距，这一点可以用软件检测的方法来鉴别真假。

CPU-Z 是一款检测 CPU 的优秀软件，是除了 Intel 或 AMD 自己的检测软件之外被使用最多的检测软件。它支持的 CPU 种类相当全面，软件的启动速度及检测速度都很快。另外，它还能检测主板和内存的相关信息。

CPU-Z 的主界面如图 2-5 所示。

图 2-5　CPU-Z 主界面

任务二　理解主板的性能与选购

一、任务分析

能正确理解主板的性能，并能根据主板的性能指标选购合适的主板。

二、相关知识

（一）主板概述

主板又称为主机板（Mainboard）、系统板（Systemboard）或母板（Motherboard），它安装在机箱内，是个人计算机最基本也是最重要的部件之一。

（二）主板性能

主板一般为矩形电路板，上面安装了组成计算机的主要电路系统，一般有 BIOS 芯片、I/O 控制芯片、键盘和面板控制开关接口、指示灯插接件、扩充插槽、主板及插卡的直流电源供电接插件等元件，如图 2-6 所示。

一套完整的系统是通过主板把 CPU、硬盘、光驱等各种器件和外围设备正确连接后形成的。当个人计算机开始工作时，从输入设备输入数据，经 CPU 处理，再由主板负责组织输送到各个设备，最后经输出设备输出。主板的类型和档次决定着整个计算机系统的类型和档次，主板的性能影响着其性能。因此，个人计算机的整体运行速度和稳定性在相当程度上取决于主板的性能。

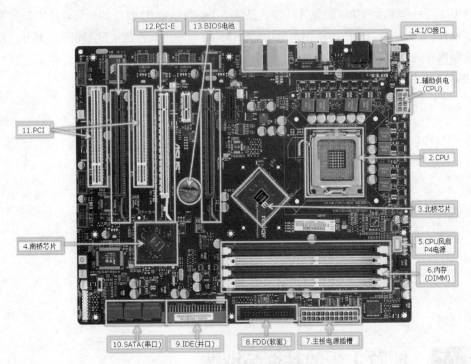

图 2-6　常见主板各部件示意图

1. PCB 板

PCB 板是一块很大的基板，是所有主板组件赖以"生存"的基础。它实际上是由多层树脂材料粘合在一起的，内部采用铜箔走线。为了节约成本，现在的主板多为四层板：主信号层、接地层、电源层、次信号层。也有的主板为六层板，增加了辅助电源层和中信号层，抗电磁干扰能力更强，性能也更加稳定。

2. 主板芯片组

在主板系统中，逻辑控制芯片组（Chipset）起着重要作用，是主板的核心组成部分。对于主板而言，芯片组几乎决定了主板的性能，进而影响到整个计算机系统性能的发挥。芯片组的功能和主板 BIOS 程序性能是决定主板品质和技术的关键因素。

主板的芯片组一般由北桥芯片和南桥芯片组成，两者共同组成主板的芯片组。北桥芯片主要负责实现与 CPU、内存、AGP 接口之间的数据传输，同时还通过特定的数据通道和南桥芯片相连接。南桥芯片主要负责和 IDE 设备、PCI 设备、声音设备、网络设备以及其他的 I/O 设备的沟通。南桥芯片离 CPU 较远，多位于 PCI 插槽的上面；而北桥芯片则在 CPU 插槽旁边，被散热片盖住。

三、任务实施

（一）主板的选购原则

在购买或组装计算机时，主板的选购非常重要，选购主板时应主要考虑速度、稳定性、兼容性、扩展能力和升级能力等性能。

主板性能对计算机整体性能的影响是很大的。主板可以被比喻成建筑物的地基，其质量决定了建筑物的坚固耐用与否；也可以比作高架桥，其好坏关系着交通的运载力与流速。

选购主板的 5 个主要原则是：

（1）工作稳定，兼容性好；

（2）功能完善，扩充力强；

（3）使用方便，可以在 BIOS 中对尽量多的参数进行调整；

（4）厂商有更新及时、内容丰富的网站，维修方便快捷；

（5）价格相对便宜，即性价比高。

（二）品牌主板介绍

目前市场上知名的主板品牌有：华硕（ASUS）、微星（MSI）、技嘉（GIGABYTE）、华擎（ASROCK）、精英（ECS）、磐正（EPO）等。

1. 华硕 P8Z68-V LX 主板

华硕 P8Z68-V LX 型号主板采用了 Intel Z68 芯片，支持 Core 二、三代 i 系列处理器，采用 ATX 架构。支持双通道 DDR3 内存，具有 4 个 DDR3 DIMM 内存条插槽，最大可以扩展到 32GB 内存容量。华硕 P8Z68-V LX 主板如图 2-7 所示。

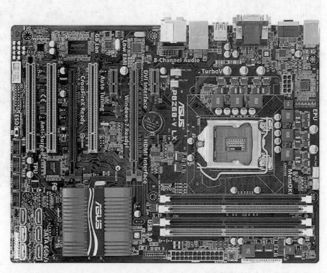

图 2-7　华硕 P8Z68-V LX 主板

2. 微星 ZH77A-G43 主板

微星 ZH77A-G43 主板采用了 Intel H77 芯片，支持 Core 二、三代的 i 系列处理器，采用 ATX

架构。支持双通道 DDR3 内存，具有 4 个 DDR3 DIMM 内存条插槽，最大可以扩展到 32GB 内存容量。微星 ZH77A-G43 主板如图 2-8 所示。

图 2-8　微星 ZH77A-G43 主板

3. 技嘉 GA-Z77P-D3 主板

技嘉 GA-Z77P-D3 型号主板采用了 Intel Z77 芯片，支持 Core 二、三代 i 系统处理器，采用 ATX 架构，支持双通道 DDR3 内存，具有 4 个 DDR3 DIMM 插槽，最大可以支持 32GB 内存。技嘉 GA-Z77P-D3 主板如图 2-9 所示。

图 2-9　技嘉 GA-Z77P-D3 主板

（三）选购主板的注意事项

选购主板时应注意以下 4 个问题。

1. 与 CPU 相匹配

根据选购的 CPU 选择与其性能相配套的主板芯片组，再选择安装合适芯片组的主板。

2. 注意主板布局

确定好相关型号的主板后，要关注主板的布局。布局是否合理主要是从主板上各部件的位置安排与线路的走线体现出来的。从 CPU 插槽周围的空间、芯片的摆放、电容和接插件的位置安排等，都能看出一块主板的优劣。

3. 观察主板器件

观察主板电池是否有生锈、漏液现象；观察芯片的生产日期，各芯片出厂日期不宜相差三个月以上；观察 PCB 板厚度、层数及布线是否合理，一般要四层以上才能满足要求；观察电容和电感，钽电容与普通电容相比，使用寿命长、可靠性高，不易受高温影响，主板上使用的钽电容越多，说明主板的用料越好，主板的质量相应也越高，电容的品质和容量在很大程度上说明主板的用料可靠性。主板上的电容如图 2-10 所示。

4. 注意散热性

主板上除了 CPU 外还有各种各样的器件，它们在工作时要散发大量的热量。为了保证计算机系统的稳定运行，主板必须具有良好的散热性能。除了安装高质量的 CPU 风扇和北桥散热片外，还应注意 CPU 插座和附近的电容距离不能太近。

图 2-10 主板上的电容

任务三 理解内存的性能与选购

一、任务分析

能正确理解内存的性能，并能根据内存的性能指标选购合适的内存。

二、相关知识

（一）内存概述

内存（Memory）也称为内存储器，其作用是用于暂时存放 CPU 中的运算数据，以及与硬盘等外部存储器交换的数据。

我们平常使用的程序，如 Windows 操作系统、办公软件、制图软件等，一般都是安装在硬盘上的，但仅此是不能使用其功能的，必须把它们调入内存中运行，才能真正使用其功能。内存是与 CPU 进行沟通的桥梁，计算机中所有程序的运行都是在内存中进行的，因此内存的性能对计算机的影响非常大。内存的性能决定了计算机能否充分发挥其工作性能、能否稳定工作。

内存由半导体器件制成，包括随机存储器（RAM）、只读存储器（ROM）和高速缓存（CACHE）。我们通常所说的内存指的是随机存储器（Random Access Memory），既可以从中读取数据，也可以写入数据。当机器电源关闭时，存于其中的数据就会丢失。

内存条（SIMM）就是将 RAM 集成块集中在一起的一小块电路板，它由内存芯片、电路板、金手指等部分组成，插在计算机中的内存插槽上，以减少 RAM 集成块占用的空间。目前市场上常见的内存条有 1GB/条，2GB/条，4GB/条等。常见的内存条如图 2-11 所示。

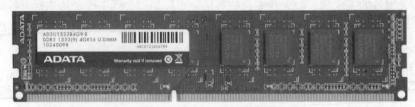

图 2-11　内存条

（二）内存的性能指标

1. 内存容量

内存最主要的一个性能指标就是内存条的容量，这也是普通用户最关注的性能指标。虽然内存的种类和运行频率会对性能有一定影响，但是相比之下，内存容量的影响更大。在其他配置相同的条件下，内存容量越大机器性能也就越高。目前，单条 DDR2 和 DDR3 内存条大多为 1GB、2GB、4GB 等。

2. 频率

内存主频和 CPU 主频一样，习惯上被用来表示内存的速度，它代表该内存所能达到的最高工作频率。内存主频的单位为 MHz（兆赫）。在一定程度上，内存主频越高，代表着内存所能达到的速度越快，内存主频决定着该内存最高能在什么样的频率下正常工作。目前比较常见的频率是 DDR2 内存的 667MHz 和 800MHz，以及 DDR3 内存的 1333MHz。

目前，市面上使用的内存条根据发展时代可分为 DDR、DDR2 和 DDR3 内存。它们的性能指标如表 2-4 所示。

表 2-4　　　　　　　　　　　　DDR、DDR2 与 DDR3 内存的性能指标

性能指标	DDR	DDR2	DDR3
电压 VDD/VDDQ	2.5V/2.5V	1.8V/1.8V （+/−0.1）	1.5V/1.5V （+/−0.075）
工作频率	200～400MHz	400～800MHz	800～2000MHz
容量标准	64MB～1GB	256MB～4GB	512MB～8GB
Memory Latency	15～20ns	10～20ns	10～15ns
CL 值	1.5/2/2.5/3	3/4/5/6	5/6/7/8
预取设计	2bit	4bit	8bit
封装	TSOP	FBGA	FBGA
引脚标准	184Pin DIMM	240Pin DIMM	240Pin DIMM

三代内存条在外观上的区别如图 2-12 所示。

DDR 内存和 DDR2 内存的频率可以用工作频率和等效频率两种方式表示。工作频率是内存颗粒实际的工作频率，DDR 内存传输数据的等效频率是工作频率的两倍。DDR2 内存采用了"4 位预取"机制，每个时钟能够以四倍于工作频率的速度读或写数据，因此传输数据的等效频率是工作频率的四倍。例如 DDR 200/266/333/400 的工作频率分别是 100/133/166/200MHz，而等效频率

分别是 200/266/333/400MHz；DDR2 400/533/667/800 的工作频率分别是 100/133/166/200MHz，而等效频率分别是 400/533/667/800MHz。

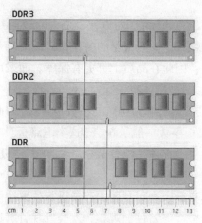

图 2-12　三代内存条的区别

DDR3 在 DDR2 基础上采用了"8 位预取"机制，这样 DRAM 内核的频率只有接口频率的 1/8，DDR3-800 的核心工作频率只有 100MHz。

3. 工作电压

内存的工作电压是指内存能稳定工作时的电压。不同类型的内存，其正常工作所需的电压值也不同。一般而言，DDR 内存的工作电压是 2.5V，DDR2 内存的工作电压为 1.8V，DDR3 内存的工作电压为 1.5V。DDR3 具有更低的工作电压，性能更好更省电。

4. 存取时间

存取时间指的是 CPU 读或写内存中数据所需的时间，也称为总线循环。以读取为例，从 CPU 发出指令给内存时，便会要求内存取用特定地址的特定资料，内存响应 CPU 后便会将 CPU 所需的数据送给 CPU，一直到 CPU 收到数据为止，全部过程称为一个读取的流程。存取时间越短越好。

5. 数据宽度和带宽

内存的数据宽度是指内存同时传输数据的位数，单位为 bit。内存带宽指内存的数据传输速率，即单位时间内通过内存的数量，单位一般为 MB/s 或 GB/s。

内存带宽计算公式：带宽=内存时钟频率×内存总线位数×倍增系数/8。

以 DDR400 内存为例，它的运行频率为 200MHz，数据总线位数为 64bit，由于上升沿和下降沿都传输数据，因此倍增系数为 2，此时带宽为：200×64×2/8=3.2GB/s。

DDR2 667 内存的带宽为：166×64×4/8=5.3GB/s。

三、任务实施

常见的内存品牌以及内存的选购

近年来，内存产业蓬勃发展，其品牌较多，主要有 KINGSTON（金士顿）、APACER（宇瞻）、KINGMAX（胜创）、SAMSUNG（三星）、HYNIX（现代）等。

内存的选购主要从以下四个方面进行比较。

1．产品的做工

对于选择内存来说，最重要的是稳定性和性能，而内存的做工水准会直接影响到性能、稳定以及超频。

内存颗粒的好坏直接影响到内存的性能，可以说也是内存最重要的核心元件。在购买内存时，尽量选择大厂商生产出来的内存颗粒，一般常见的内存颗粒厂商有三星、现代、镁光、南亚、茂矽等，它们都有完整的生产工序，因此在品质上都更有保障。而采用这些顶级大厂商内存颗粒的内存条品质性能，必然会比其他杂牌内存颗粒的产品要高出许多。

内存 PCB 电路板的作用是连接内存颗粒引脚与主板信号线，因此其做工好坏直接影响着系统稳定性。目前主流内存 PCB 电路板层数一般是 6 层，这类电路板具有良好的电气性能，可以有效屏蔽信号干扰。而更优秀的高规格内存往往配备了 8 层 PCB 电路板，从而拥有更好的效能。

2．鉴别内存的真伪

内存产业利润较高，很多不良商家会对品牌内存条进行仿冒造假，常用打磨内存芯片的作假手段，然后再加印上新的编号参数。但若仔细观察，就会发现打磨过后的芯片暗淡无光，有起毛的感觉，而且加印上的字迹不清晰。这些一般都是假冒的内存产品，需要用户注意。

此外，还要观察 PCB 电路板是否整洁、有无毛刺等，金手指是否很明显有经过插拔所留下的痕迹，如果有，则很有可能是返修的内存产品。

品牌内存均有防伪标识，在购买时可注意鉴别。图 2-13 为三星内存条防伪标识，图 2-14 为胜创内存及宇瞻内存的防伪标识。

图 2-13　三星内存条防伪标识

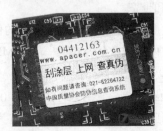

图 2-14　胜创内存与宇瞻内存防伪标识

3．注意主板类型

不同主板所支持的内存条类型可能会有所不同。同时，内存的最大容量也受限于主板上内存的插槽数量，所以在购买内存条时应注意选择与主板匹配的类型。

4．确定内存容量

内存的容量不宜太小，否则会降低系统的运行速度。根据目前软件使用情况来看，内存一般应不低于 2GB，若条件允许，建议配置 4GB 内存及以上。另外，为便于以后扩充内存，应尽量使用单条容量大的内存。

任务四　理解硬盘的性能与选购

一、任务分析

能正确理解硬盘的性能，并能根据硬盘的性能指标选购合适的硬盘。

二、相关知识

（一）硬盘概述

硬盘驱动器，简称硬盘（Hard Disk），是计算机的主要存储设备，它由一个或多个铝制或玻璃制的碟片组成，这些碟片外覆盖有铁磁性材料。绝大多数硬盘都是固定硬盘，被永久性地密封固定在硬盘驱动器中，如图 2-15 所示。

图 2-15　硬盘驱动器

目前，市面上台式机的硬盘按照接口类型主要有 IDE 硬盘和 SATA 硬盘两类。

IDE（Integrated Drive Electronics）硬盘驱动器使用 40 芯电缆，具有价格低廉、兼容性强的特点，曾经是硬盘市场的主流接口，现在已被 SATA 接口硬盘所取代。IDE 硬盘如图 2-16 所示。

SATA（Serial ATA）接口的硬盘又叫串口硬盘，具备更强的纠错能力。SATA 的线缆少而细，不仅线缆节省空间，而且数据传输快，目前已逐渐取代 IDE 硬盘而成为市场的主流。SATA 接口的硬盘只需要 4 芯电缆就可完成所有工作，第 1 针供电，第 2 针接地，第 3 针接数据发送端，第 4 针接数据接收端。SATA 硬盘如图 2-17 所示。

图 2-16　IDE 硬盘

图 2-17　SATA 硬盘

（二）硬盘的性能指标

1. 容量

容量是硬盘最主要的参数，单位一般为 GB、TB，其中 1GB=1024MB。但是硬盘厂商在标称硬盘容量时通常取 1GB=1000MB，因此，在 BIOS 中或格式化硬盘时看到的容量会比厂家的标称值小。目前市场上主流的硬盘容量一般为 320GB、500GB、1TB 和 2TB。

2. 单碟容量

单碟容量是指硬盘单个盘片的存储容量，在相同情况下，单碟容量越大，硬盘单位成本越低，平均访问时间越短，硬盘的性能就越好。目前，市场上大多硬盘的单碟容量为 80GB、100GB、200GB 和 250GB。

3. 转速

转速是指硬盘盘片每分钟转动的圈数，单位为 r/min，当容量相同时，转速高的性能更好。目前，市场上主流硬盘的转速一般为 5400～7200r/min，7200r/min 通常用于台式机硬盘，5400r/min 一般用于笔记本电脑。

4. 缓存

缓存（Cache memory）是硬盘控制器上的一块内存芯片，具有极快的存取速度，它是硬盘内部存储和外界接口之间的缓冲器。由于硬盘的内部数据传输速度和外界介面传输速度不同，缓存在其中起到一个缓冲的作用。缓存的大小与速度是直接关系到硬盘传输速度的重要因素，能够大幅度地提高硬盘整体性能。现今主流硬盘的缓存一般为 2MB 和 8MB，而在服务器或特殊应用领域中容量甚至达到了 16MB 和 64MB。

5. 平均访问时间

平均访问时间是指磁头从起始位置到达目标磁道位置且从目标磁道上找到要读写的数据扇区所需要的时间，单位是 ms。平均访问时间越短，硬盘产品越好。现今主流硬盘的平均寻道时间约为 9ms。

三、任务实施

（一）了解常见的硬盘品牌

硬盘的制造厂商主要是西部数据和希捷。

西部数据（Western Digital）是全球知名的硬盘厂商，成立于 1979 年。2011 年 3 月收购日立之后，市场份额达到将近 50%，取代希捷成为名副其实的硬盘老大。

希捷（Seagate）公司成立于 1979 年，现为全球第二大的硬盘、磁盘和读写磁头制造商。希捷在设计、制造和销售硬盘领域居全球领先地位，提供用于企业、台式计算机、移动设备和消费电子的产品。2005 年并购迈拓（Maxtor），2011 年 4 月收购三星（Samsung）旗下的硬盘业务。

西部数据与希捷硬盘如图 2-18 所示。

（二）选购硬盘

选购硬盘时，一般需要注意考虑以下几个因素。

图 2-18 西部数据硬盘与希捷硬盘

1．硬盘容量

硬盘容量是选购硬盘的第一考虑因素，随着存储技术的发展，在硬盘容量快速增加的同时，每单位容量的价格越来越低。目前，市场上硬盘主要有 320GB、500GB、1TB 等容量选择。除了看整盘容量大小外，还应优先考虑单碟容量大的硬盘。

2．看转速

选购硬盘第二考虑要素为看转速。硬盘转速越快，其传输数据的速度越快，硬盘的整体性能也越高。目前市场上台式机硬盘的转速基本都是 7200r/min。

3．看接口

选购硬盘还应注意根据所选的主板，来确定选用何种接口的硬盘。目前市场上基本上都是SATA 接口的硬盘，其传输速度比 IDE 硬盘快很多。因此，若考虑性价比因素，应选 SATA 接口的硬盘。

4．看缓存大小

缓存容量与硬盘的性能密切相关，所以选购硬盘时应选择缓存大的硬盘。目前硬盘缓存容量有 2MB、8MB 和 16MB 等规格。

5．品牌与质保

选购硬盘时，应尽量选择知名度较高的品牌硬盘，这样硬盘的质量更有保证。

任务五　理解显卡的性能与选购

一、任务分析

能正确理解显卡的性能，并能根据显卡的性能指标选购合适的显卡。

二、相关知识

（一）显卡概述

显卡的用途是将计算机系统所需要的显示信息进行转换驱动，并向显示器提供行扫描信号，控制显示器的正确显示。显卡是连接显示器和主板的重要元件，是实现"人机对话"的重要设备之一。

显卡可以分为集成显卡和独立显卡。

1. 集成显卡

集成显卡是将显示芯片、显存及其相关电路都做在主板上，与主板融为一体；集成显卡的显示芯片是独立的，但大部分都集成在主板的北桥芯片中；一些主板集成的显卡也在主板上单独安装了显存，但其容量较小，集成显卡的显示效果与处理性能相对较弱，不能对显卡进行硬件升级，但可以通过 CMOS 调节频率或刷入新 BIOS 文件实现软件升级来挖掘显示芯片的潜能。

集成显卡的优点是功耗低、发热量小，部分集成显卡的性能已经可以媲美入门级的独立显卡，同时还省去了额外购买显卡的费用。集成显卡的缺点是性能相对较低，不能灵活地进行硬件更换。

集成显卡如图 2-19 所示。

2. 独立显卡

独立显卡是指将显示芯片、显存及其相关电路单独做在一块电路板上，自成一体而作为一块独立的板卡存在，它需要占用主板的扩展插槽（ISA、PCI、AGP 或 PCI-E）。

独立显卡的优点是单独安装有显存，一般不占用系统内存，在技术上也较集成显卡先进得多，比集成显卡有更好的显示效果和性能，容易进行显卡的硬件升级。独立显卡的缺点是系统功耗有所加大，发热量也较大，需额外进行购买，同时占用更多空间。

独立显卡如图 2-20 所示。

图 2-19　集成显卡

图 2-20　独立显卡

（二）显卡的性能指标

显卡的性能指标主要包括以下 3 点。

1. 显示芯片

显示芯片又称 GPU（Graphic Processing Unit，图形处理单元）。在每个显卡上都有一个大散热片或散热风扇，GPU 就在它的下面。显示芯片是显卡的核心，其性能直接决定了显卡的性能。

常见的显示芯片生产厂商有：Intel、AMD、NVIDIA、VIA（S3）、SIS、Matrox、3D Labs 等。其中，Intel、VIA（S3）、SIS 主要生产集成芯片；ATI、NVIDIA 主要生产独立芯片，是市场上的主流；Matrox、3D Labs 则主要面向专业图形市场。

2. 显存

显存的速度直接影响显卡的性能，显存颗粒速度越快，价格也越高。选择显卡一个重要参数就是显存容量，显存容量的大小决定了显存临时存储数据的能力。目前主流的显存有 128MB、

256MB、512MB，有的甚至达到了 1GB。

3．显卡接口类型

显卡的接口决定着显卡与系统数据传输的最大带宽，也就是瞬间所能传输的最大数据量。显卡的接口主要有 ISA、PCI、AGP、PCI Express 这 4 种，目前的主流接口是 PCI Express，而 ISA、PCI 接口的显卡已基本被淘汰。

三、任务实施

（一）了解常见的显卡品牌

显卡的品牌名目繁多，常见的有：蓝宝石（Sapphire）、华硕（ASUS）、七彩虹（Colorful）、耕升（Gainward）、昂达（ONDA）、影驰（GALAXY）、丽台（Leadtek）等。购买品牌的显卡，可以获得更高的性价比及更好的售后服务。

图 2-21 为七彩虹 iGame550Ti 烈焰战神显卡，采用了 NVIDIA 公司的芯片，具体型号为 GeForce GTX 550 Ti。该显卡制作工艺为 40nm，核心位宽达到了 256bit，显存容量为 1GB，并且有一个 DVI-I 接口和一个 HDMI 接口。

图 2-21　七彩虹 iGame550Ti 烈焰战神显卡（带风扇）

图 2-22 为影驰 GTX550Ti 显卡，该显卡也采用了 NVIDIA Geforce GTX 550 Ti 芯片，具体参数和前面的七彩虹 550Ti 显卡相同，唯一的区别在于该款显卡在具备了 DVI-I 接口和 HDMI 接口的同时多了一个 VGA 接口。

图 2-22　影驰 GTX550Ti 显卡（带风扇）

（二）显卡的选购

一般选购显卡时需要注意考虑以下 3 个因素。

1. 自己的需求

玩大型游戏，或进行视频处理及图像处理时，对显卡的功能要求较高；而普通的文字处理等，则对显卡的要求不高。因此，首先要根据自己的实际需求选择显卡的种类及品牌。

2. 制造工艺

制造工艺是指在生产 GPU 的过程中，加工各种电路和电子元件，制造导线连接各个元器件的工艺。通常其生产的精度以 nm 来表示，精度越高，生产工艺越先进。在同样的材料中可以制造更多的电子元件，同时连接线也越细，提高芯片的集成度，芯片的功耗也越小。主流的制造工艺是 65nm、55nm、40nm。

3. 核心频率

显卡的核心频率是指显示核心的工作频率，其工作频率在一定程度上可以反映出显示核心的性能，在同样级别的芯片中，核心频率高的显卡性能要强一些。

任务六 　理解显示器的性能与选购

一、任务分析

能正确理解显示器的性能，并能根据显示器的性能指标选购合适的显示器。

二、相关知识

（一）显示器概述

显示器通常也称为监视器，是一种将文字、图像等电子文件通过特定的传输设备显示到屏幕上再反射到人眼的显示工具，它属于输入/输出设备。常见的显示器有 CRT 和 LCD 两种类型。

1. CRT 显示器

CRT 显示器是一种使用阴极射线管（Cathode Ray Tube）的显示器，其原理是利用显像管内的电子枪，将光束射出，穿过荫罩上的小孔，打在一个内层玻璃涂满了无数三原色的荧光粉层上，电子束会使得这些荧光粉发光，最终就形成了我们所看到的画面了。CRT 尺寸就是显像管实际尺寸，也是通常所说的显示器尺寸，其单位为英寸（1 英寸=25.4mm）。

CRT 显示器如图 2-23 所示。

CRT 纯平显示器具有可视角度大、无坏点、色彩还原度高、色度均匀、可调节的多分辨率模式、响应时间极短等 LCD 显示器难以超越的优点，同时价格也比 LCD 显示器便宜不少，因此在图像处理等领域得到广泛应用。

2. LCD 显示器

LCD 显示器即液晶显示器，是一种采用液晶为材料的显示器。液晶是介于固态和液态之间的有机化合物。在电场作用下，液晶分子会发生排列上的变化，从而影响通过的光线，这种光线的变化通过偏光片的作用可以表现为明暗的变化。就这样，通过对电场的控制最终控制了光线的明暗变化，从而达到显示图像的目的。LCD 显示器如图 2-24 所示。

图 2-23　CRT 显示器　　　　　　　　　图 2-24　LCD 显示器

　　液晶显示器具有辐射低；体积小、节省空间；失真小、无闪烁；省电，不产生高温等优点，在家用、普通办公等诸多领域，已全面取代笨重的 CRT 显示器成为主流的显示设备。缺点是响应速度慢、色彩还原度不足，在专业的图像处理领域还不能完全满足工作要求。

（二）CRT 显示器的主要参数

1. 显像管

CRT 显示器之间最大的差别在于所采用的显像管不同，在相同的可视面积下，显像管的品质是决定显示器性能是否优越最关键的因素。显像管可分为球面显像管、平面直角显像管、柱面显像管和纯平显像管。纯平显像管因为水平和垂直两个方向上都是笔直的平面，看起来更逼真、舒服，是目前 CRT 显示器市场的主流显像管。

2. 点距（Dot-Pitch）

点距主要是针对孔状荫罩的参数，是荧光屏上两个同样颜色荧光点之间的距离。举例来说，就是一个红色荧光点与相邻红色荧光点之间的对角距离，它通常以毫米（mm）表示。荫罩上的点距越小，影像看起来也就越精细，其边和线也就越平顺。15 或 17 英寸显示器的点距必须低于0.28mm，否则显示图像会模糊。条栅状荫罩显示器（使用在 SONY 的特丽珑或其他特殊显像管上）则是使用线间距或是光栅间距来计算其中荧光条之间的水平距离。

3. 分辨率（Resolution）

分辨率就是屏幕图像的密度，其表示方式就是每一条水平线上点的数目乘以水平扫描线的数目。以分辨率为 1024×768 像素的屏幕来说，即每一条线上包含有 1024 个像素或者点，且共有 768条线，也就是说扫描列数为 1024 列，行数为 768 行。分辨率越高，屏幕上所能呈现的图像就越细腻，能够显示的内容也就越多。

4. 刷新频率

刷新频率分为垂直刷新率和水平刷新率。

垂直刷新率：又称为垂直扫描频率（Vertical Scan Frequency）、场频，指每秒钟屏幕从上到下刷新的次数，单位为赫兹（Hz），它可以理解为每秒重画屏幕的次数。以 85Hz 刷新率为例，它表示显示器的内容每秒刷新 85 次。垂直刷新率越高，所感受到的闪烁情况也就越不明显，眼睛也就越不容易感到疲劳。

水平刷新率（Horizontal Scan Frequency）又称为行频，它表示显示器从左到右绘制一条水平线所用的时间，单位为 KHz。

5．安全认证

显示器的安全认证直接关系到使用者的视力和身体健康。TCO99 是目前最新的标准，对显示器提出了最严格的要求，让用户感到最大程度的舒适，同时尽可能保护环境。它所涵盖的测试项目包括电磁波外泄、人体工学、生态学、能源效能，能够阻绝有害电磁波，保障人体安全并且减少对环境的污染。

（三）LCD 显示器的主要参数

1．尺寸

液晶显示器的尺寸是指液晶显示器屏幕对角线的长度，单位为英寸。目前主流产品为 17 英寸和 19 英寸，同时，为满足看视频等娱乐需求，出现了很多显示比例为 16：9 的宽屏幕显示器，传统的显示器显示比例为 4：3。

2．最佳分辨率

分辨率就是屏幕上显示的像素的个数，对于液晶显示器来说只有一个最佳分辨率，也往往是液晶显示器的最大分辨率。

3．点距

液晶显示器的点距是指两个连续的液晶颗粒中心之间的距离。点距的大小决定了显示图像的精细度和字体大小。相同尺寸情况下，点距越小，显示图像越精细，显示的字体越小；点距越大，显示图像越粗糙，显示的字体越大。

4．亮度

亮度是反映液晶显示器屏幕发光程度的重要指标，亮度越高，显示器对周围环境的抗干扰能力就越强。但显示器的亮度也不能设置得太高，否则长时间使用会对用户的眼睛造成伤害。

5．响应时间

响应时间指的是液晶显示器对于输入信号的反应速度，也就是液晶由暗转亮或由亮转暗的反应时间，通常以 ms 为单位。响应时间数值越小，说明响应速度越快，对动态画面的延时影响也就越小。

6．坏点

坏点数目的多少是衡量液晶显示屏品质高低的重要指标之一。液晶显示屏的坏点又称为点缺陷。坏点是指显示屏幕上颜色不发生变化的点。坏点有以下 3 种类型。

（1）亮点：在黑屏的情况下呈现的 R、G、B（红、绿、蓝）点叫做亮点；

（2）暗点：在白屏的情况下出现非单纯 R、G、B 的色点叫暗点；

（3）坏点：在白屏情况下为纯黑色的点或在黑屏情况下为纯白色的点。

三、任务实施

（一）常见的显示器品牌

常见的显示器品牌有 PHILIPS、SAMSUNG、ViewSonic、LG、美格、AOC 等。

（二）显示器的选购

1．CRT 显示器的选购

选购 CRT 显示器时需要注意以下 3 个方面。

（1）分辨率。分辨率越高，用户在屏幕上即时看到的信息就越多。

（2）刷新率。刷新率越高，意味着屏幕的闪烁越小，对人眼睛产生的刺激越小。85Hz 以上人的眼睛会没有闪烁感，因此，选购时 CRT 显示器的刷新率应达到 85Hz 以上。

（3）显示器的环保认证。在越来越关注环保和健康的今天，人们对显示器在辐射、节电和环保等方面的要求也越来越苛刻。选购 CRT 显示器时，应购买带有 TCO 认证和 3C 认证的产品。TCO 认证是由瑞典专业职业联盟推行的一种显示器认证标准，针对 CRT 显示器，分别推出了 TCO92 认证标准、TCO95 标准和 TCO99 认证标准，其中 TCO99 认证标准要求最高。3C 认证即中国强制认证（China Compulsory Certification），是国家针对涉及人类健康和安全、动植物生命和健康，以及环境保护和公共安全的产品实行的认证制度。

2．LCD 显示器的选购

选购 LCD 显示器时需要注意以下 3 个方面。

（1）外观检查。外观检查包括坏点检查、可视范围检查等。

坏点检查可通过 NOKIA Monitor Test 等专用屏幕检查程序，或直接打开 Windows 中的画图程序，改变画布（即背景）的颜色，来观察是否有坏点存在。

检查显示器的可视范围是否足够大。可视范围越大，给使用者视觉失真的感觉越小。该角度一般为 60°～80°，即人站在显示屏的最侧面，也能看清显示器的图像画面。

（2）带宽大小。带宽是指显示器接收到外部信号后反映在屏幕上的速度，也就是从打开显示器电源到图像清楚地呈现在屏幕上的时间。该时间越短，在显示移动画面时，越不会出现拖尾（画面后面有短暂的阴影）现象，得到的效果越好。购买时可同时打开多台显示器来进行比较。

（3）显示效果。购买时注意显示器显示文本边缘及轮廓的能力，可输入一段文字，通过改变字体的大小和制作几个立体字来观察文本边缘的显示能力，再在文字后面添加背景图像，查看整个图像的轮廓是否清晰，有无毛疵。

任务七　理解光驱的性能与选购

一、任务分析

能正确理解光驱的性能，并能根据光驱的性能指标选购合适的光驱。

二、相关知识

（一）光驱概述

光驱即光盘驱动器，是计算机中用来读取光盘内容的驱动器，它是计算机存储系统的必要补充。在安装操作系统和应用软件、读取多媒体数据时会经常用到光驱。

光驱可分为 CD-ROM 驱动器、DVD 光驱（DVD-ROM）、康宝（COMBO）和刻录机等。

1．CD-ROM 光驱

只读光盘驱动器（Compact Disc Read-Only Memory）是一种只读的光存储介质。它是利用原本用于音频 CD 的 CD-DA（Digital Audio）格式发展起来的。一张压缩光盘的直径约为 4.5 英寸，厚度约为 1/8 英寸，能容纳约 660MB 的数据。图 2-25 为 CD-ROM 光驱的外观。

图 2-25　CD-ROM 光驱

2．DVD 光驱

DVD 光驱是一种可以读取 DVD 碟片的光驱。DVD（Digital Video Disc）是一种容量更大、运行速度更快的新一代光存储技术，单面单层容量为 4.7GB，单面双层 DVD 为 9.4GB，而双面双层可以达到 17GB 的海量存储。图 2-26 为 DVD 光驱的外观。

图 2-26　DVD 光驱

3．COMBO 光驱

COMBO 光驱又被称为"康宝"光驱，是一种集合了 CD 刻录、CD-ROM 和 DVD-ROM 为一体的多功能光存储设备。图 2-27 为 COMBO 光驱的外观。

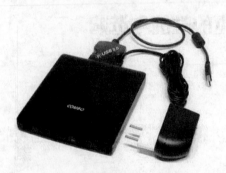

图 2-27　COMBO 光驱

4．刻录光驱

使用刻录光驱可以刻录音像光盘、数据光盘、启动盘等，刻录光驱可分为 CD 刻录和 DVD 刻录两类。其中，CD 刻录机所使用的盘片又可分为 CD-R 盘片（Compact Disc Recordable，只能写入一次数据）和 CD-RW 盘片（CD-ReWritable，可反复进行擦写）。DVD 刻录机所使用的盘片又可分为 DVD-R 盘片（DVD-Recordable，只能写入一次数据）和 DVD-RW 盘片（DVD-ReWritable，可反复进行擦写）。使用 DVD 刻录机所刻录的光盘，可以在 DVD 光驱中进行读取；使用 CD 刻录机所刻录的光盘，可以在 CD-ROM 光驱或 DVD 光驱中进行读取。刻录机的外观和普通光驱差不多，前置面板上通常都标识了写入、复写和读取三种速度。刻录光驱的外观如图 2-28 所示。

图 2-28　刻录光驱

（二）光驱的主要性能指标

1. 数据传输速率

数据传输速率指光驱在 1s 内所能读取的数据量，单位为 KB/s 或 MB/s，它是衡量光驱性能的最基本指标，该值越大，光驱的数据传输速率就越高。

最初 CD-ROM 数据传输率只有 150KB/s，定义为倍速（1×）。在此之后出现的 CD-ROM 的速度与倍速是一个倍数关系，如 40 倍速 CD-ROM 的数据传输率为 $40 \times 150 = 6000$KB/s。

DVD 光驱的 1 个倍速为 1350KB/s。

2. 平均访问时间

平均访问时间又称为平均寻道时间，指光驱的激光头从原来的位置移动到指定的数据扇区，并把该扇区上的第一块数据读入高速缓存所花费的时间。一般来说，该指标越小越好。

3. 缓存容量

缓存容量主要用于存放临时从光盘中读出的数据，然后发送给计算机系统进行处理，这样可以确保计算机系统能够一起接收到稳定的数据流量。缓存容量越大，读取数据的性能就越高。

三、任务实施

（一）常见的光驱品牌

光驱的品牌主要有 Philips、Sony、BenQ、ASUS、Samsung、LG 等。

（二）光驱的选购

选购光驱时，除了考虑光驱的数据传输速率外，还应从平均访问时间、缓存容量、容错性、稳定性、发热量、噪声等多方面进行综合考虑。

课后习题

一、选择题

1. AMD 公司的 Sempron 系列 CPU，中文名称是（　　）。

    A. 炫龙   B. 闪龙   C. 速龙   D. 皓龙

2. Intel 公司的 Core 2 Duo 系列 CPU，中文名称是（　　）。

    A. 酷睿 2 四核   B. 酷睿 2 至尊   C. 酷睿 2 双核   D. 赛扬

3. 主板的 CPU 插座上有个缺口，其作用是（　　）。

    A. 缺陷   B. 经销商标志

    C. 金手指   D. 安装方向指示

4. 一块主板一般有 1～4 个 IDE 接口，它们用来连接（　　）。

    A. 硬盘   B. 光驱

    C. 扫描仪   D. 打印机

5. 下图中白色插槽是（　　）。

    A. PCI   B. ISA

    C. AGP   D. 以上都不对

6. 某内存条上标记有"DDR2 667"字样，其中 667 指的是（　　）。

    A. 价格   B. 频率

    C. 类型   D. 生产编号

7. 个人计算机中的数据资料主要存放在（　　）。

    A. 光盘   B. 硬盘

    C. 内存   D. 网络

8. 显示器在硬件中属于（　　）。

    A. 输入设备   B. 输出设备

    C. 外部设备   D. 内部设备

9. 显卡的技术指标有（　　）。

    A. 显示内存   B. 刷新速度

    C. 色深   D. 最大分辨率

10. 硬盘应尽量避免（　　）。

　A．阳光　　　　　　　　B．震动　　　　　　C．潮湿　　　　　　D．高温

二、填空题

1. CPU 的中文含义是_____。

2. CPU 的高速缓存分为_____和_____。

3. 常见的主板品牌有：_____、_____、_____。

4. 显示器的类型有_____和_____。

三、实训题

1. 到当地计算机市场了解不同品牌的主板，并注意其型号。

2. 反复练习主板的安装与卸载操作。

3. 上网查询主板微星 P45 NE03-FR 的有关资料，完成下表。

主 板 名 称	微星 P45 NE03-FR
适用平台	
集成芯片	
CPU 插槽	
内存类型	
显示卡插槽	
PCI 插槽	
IDE 插槽	
SATA 接口	
USB 接口	
串口并口	
外接端口	
供电模式	

第3章

计算机硬件组装

任务一 主流装机方案设计

一、任务分析

根据用户不同的使用需求及费用预算，能设计合理的装机方案。

二、相关知识

随着个人计算机技术的不断发展，更多的人从最早使用品牌计算机，逐渐开始加入到自己动手组装计算机的行列。

自己动手组装计算机的第一个好处就是费用低廉，用户可以花更少的费用组装一台计算机，而整体性能与品牌机相差无几或者性能更高。

第二个好处是可以满足用户的特定需求。有的用户使用计算机主要是为了进行学习，对多媒体等要求不高，这时使用低端的硬件配置就可以了。有的用户使用计算机进行程序开发，使用的开发工具多，内存要求大，系统稳定性要求高，这时对硬件的性能要求就高。有的用户属于游戏发烧友，追求运行速度、画面品质等效果，而且要求长时间运行大型游戏，这时就要选用高档配件来满足需求。

有些用户自己动手组装计算机的意图就是为了享受 DIY（Do It Yourself）的乐趣。自己去做，自己体验，享受其中的快乐。

三、任务实施

通过第 2 章的学习，我们已经对计算机中主要硬件的性能和采购有了一定的了解，此处结合硬件的价位，设计了几款主流装机方案，供装机用户进行参考。

1. 入门级装机方案

该装机方案可以满足办公、上网和简单游戏等应用，总价较低，适合于学生用机及低端家用，如表 3-1 和表 3-2 所示。

表 3-1 　　　　　　　　　　　　　　Intel 平台

配 件 名 称	配 件 型 号	参 考 价 格
CPU	Intel G620 双核（散片）	350 元
散热器	超频三甲壳虫	28 元
主板	华擎 H61M-VS	300 元
显卡	集成	0 元
内存	南亚易胜 4GB DDR3-1600	120 元
硬盘	1TB 单碟 希捷 ST1000DM003	600 元
电源	超频三 Q5	170 元
机箱	金河田、大水牛	120 元
显示器	LG E1948S-BN 19 英寸 LED	640 元
总价		2328 元

表 3-2 　　　　　　　　　　　　　　AMD 平台

配 件 名 称	配 件 型 号	参 考 价 格
CPU	AMD A4 3300 （盒装）	350 元
主板	华擎 A55M-HVS	360 元
显卡	集成	0 元
内存	南亚易胜 4GB DDR3-1600	120 元
硬盘	1TB 单碟 希捷 ST1000DM003	600 元
电源	超频三 Q5	170 元
机箱	金河田、大水牛	120 元
显示器	LG E1948S-BN 19 英寸 LED	640 元
总价		2360 元

2. 普通办公用装机方案

该装机方案用于满足日常办公、公司管理系统应用等，注重系统整体的稳定性，如表 3-3 和表 3-4 所示。

表 3-3 　　　　　　　　　　　　　　Intel 平台

配 件 名 称	配 件 型 号	参 考 价 格
CPU	Intel i3 2120 双核（散片）	680 元

续表

配 件 名 称	配 件 型 号	参 考 价 格
散热器	超频三甲壳虫	28 元
主板	华擎 H61M-U3S3	400 元
显卡	蓝宝石 HD6750 512MB 白金版	500 元
内存	南亚易胜 4G DDR3-1600	120 元
硬盘	1TB 单碟 希捷 ST1000DM003	600 元
电源	超频三 Q5 300w	170 元
机箱	金河田、大水牛	120 元
显示器	Acer S220HQLBbd 21.5 英寸 LED	800 元
总价		3418 元

表 3-4　　　　　　　　　　　　　　AMD 平台

配 件 名 称	配 件 型 号	参 考 价 格
CPU	AMD X4 631（散装）	370 元
散热器	超频三红海散热器	55 元
主板	华擎 A55M-HVS	360 元
显卡	蓝宝石 HD6770 512M 白金版	600 元
内存	南亚易胜 4GB DDR3-1600	120 元
硬盘	1TB 单碟 希捷 ST1000DM003	600 元
电源	超频 3 Q5 300w	170 元
机箱	金河田、多彩、大水牛、航嘉、富士康等	120 元
显示器	Acer S220HQLBbd 21.5 英寸 LED	800 元
总价		3195 元

3．主流装机方案

总价 4000 多元，使用的配件均为市场主流，最具性价比，适用于编程学习、工作、游戏等多方面需求，推荐用 Intel 平台，如表 3-5 所示。

表 3-5　　　　　　　　　　　　　　主流装机方案

配 件 名 称	配 件 型 号	参 考 价 格
CPU	Intel E3-1230v2（散片）+	1380 元
散热器	思民神木散热器	60 元
主板	微星 ZH77A-G43	720 元
显卡	华硕 HD 6770 1GB	650 元
内存	三星黑武士 4GB DDR3-1600	160 元
硬盘	1TB 单碟 希捷 ST1000DM003	600 元
电源	安钛克 BP430+	300 元
机箱	酷冷至尊 毁灭者	220 元
显示器	Acer S220HQLBbd 21.5 英寸 LED	800 元
总价		4890 元

4. 豪华装机方案

该方案适用于游戏发烧友用机，选用高档配件，追求运行速度、画面品质等效果，如表 3-6 所示。

表 3-6　　　　　　　　　　　　　　豪华装机方案

配 件 名 称	配 件 型 号	参 考 价 格
CPU	Intel i7 3770K（散片）+HR-02	2800+300 元
主板	华硕 P8Z68-V	1500 元
显卡	华硕 EAH6850 1GB	900 元
内存	三星黑武士 DDR3-1600 2×4GB	320 元
硬盘	浦科特 64g ssd+希捷 2TB	600 元+800 元
电源	安钛克 VP550	400 元
机箱	联力 K68X-E	600 元
显示器	飞利浦 237E3QPHSU 23 英寸 IPS LED	1100 元
总价		9320 元

说明：硬件的价格随市场竞争变动较大，以上装机方案中的价格仅供参考。

任务二　组装计算机

一、任务分析

根据已有的硬件，能正确组装计算机，安装完成后的计算机，在加电后能通过自检。

二、相关知识

（一）计算机组装前的注意事项

在组装计算机前应注意以下事项。

（1）安装前应消除身上的静电，以防止人体所带的静电对电子器件造成损伤。如用手摸一摸自来水管等接地设备，有条件的可以佩戴防静电环。

（2）对各部件要轻拿轻放，不要碰撞，尤其是硬盘。

（3）防止液体进入计算机内部。不要将饮料、水等物品放在机器的附近，在安装计算机元器件时，应防止液体沾到计算机内部的板卡上造成短路而使器件损坏。组装机器的环境温度不能太高，防止头上的汗水滴落，同时注意不要让手心的汗沾湿板卡。

（4）使用正确的安装方法，不可粗暴安装。在安装的过程中一定要注意正确的安装方法，不要强行安装，用力过猛容易损坏配件。对于安装位置不到位的设备，不能强行使用螺钉固定，以避免板卡变形或日后接触不良。

（5）以主板为中心，逐步安装其他部件。

（6）插拔时要抓住线缆的头部，不能抓住线缆中间进行插拔，以免损伤线缆或造成短路。

（二）组装计算机的基本步骤

按照合理的步骤进行计算机的组装，不仅能加快组装的速度，还能保证不损坏硬件。计算机的组装通常应该按照以下基本步骤进行操作。

1．主机的安装

（1）打开主机箱，安装机箱电源。

（2）安装硬盘、光驱。

（3）在主板上安装 CPU 和散热风扇。

（4）将内存条插入到主板的内存插槽内。

（5）将主板放入机箱并固定。

（6）安装显卡、声卡（集成显卡无须安装）。

（7）连接机箱内部所有硬件的电源线、数据线和信号线。

2．外设的安装

（1）安装输入设备：将键盘、鼠标与主机连接。

（2）安装输出设备：安装显示器并连接主机。

（3）再次检查连线情况，准备进行测试。

（4）给计算机加电并启动，若自检通过，显示器正常显示，则表明硬件安装正确，启动 BIOS 设置，进行系统初始化设置。

3．分区并安装操作系统

完成硬件的组装后，对硬盘进行分区并格式化，然后安装操作系统和驱动程序，最后安装应用软件，完成装机操作。

三、任务实施

（一）准备装机工具

装机前需准备以下几种工具：

1．十字螺丝刀

因计算机上的螺钉基本都是十字形的，所以需要准备一把十字螺丝刀。螺丝刀最好带有磁性，这样可以吸住螺钉，方便在狭小的机箱空间取出掉进去的螺钉，如图 3-1 所示。

图 3-1　十字螺丝刀

2．一字螺丝刀

准备一把一字螺丝刀，不仅可以方便安装，并且可以用来拆开产品包装盒、包装封条等，如图 3-2 所示。

图 3-2　一字螺丝刀

3．散热硅胶

在安装好 CPU 后，需要在 CPU 上涂上硅胶，然后再安上散热器和风扇，如图 3-3 所示。

4．扎带

扎带用于捆扎组装完成后机箱内凌乱的连接线，如图 3-4 所示。

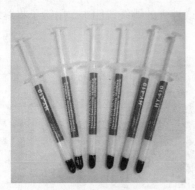

图 3-3　散热硅胶

图 3-4　扎带

（二）安装主机箱和电源

从包装箱中取出机箱以及内部的零配件（螺钉、挡板等），将机箱侧面挡板打开，机箱平放于桌子上。

一般情况下，购买的机箱已经安装好电源。如果机箱本身自带的电源品质不是很好，或者不能满足需求，则需要更换电源。

首先，将电源放进机箱的电源位，然后用螺钉将电源固定在机箱上。螺钉开始不要拧紧，等所有螺钉都到位后，再逐一拧紧。机箱外观如图 3-5 所示，电源外观如图 3-6 所示。

图 3-5　机箱

图 3-6　机箱电源

在安装电源时，需要注意电源放入的方向和风扇的位置，放入后，注意调整螺孔和机箱上的固定孔对齐。

（三）安装硬盘和光驱

在把主板安装到机箱之前，应该先安装硬盘和光驱，这样是为了避免在安装硬盘或光驱的过程中螺丝刀失手掉下，砸坏主板上的配件。

（1）安装硬盘的方法如下。

① 在取出硬盘前，先释放静电，然后打开硬盘的包装盒，取出硬盘，并检查是否完好、有无划痕，接口针脚有无断针或者弯曲的情况。

② 设置硬盘跳线。对于 IDE 硬盘，需要设置硬盘跳线。如果光驱和硬盘分别接在主板的两个 IDE 接口上，则硬盘跳线可以选择默认模式或主盘模式。如果两者合用一个 IDE 接口则需要设置硬盘为主盘，光驱为从盘。设置方法参照硬盘面板或外壳的跳线说明书，用镊子将跳线帽夹出，重新插在正确的位置即可，如图 3-7 所示。

图 3-7　硬盘跳线

SATA 接口的硬盘不需要设置硬盘跳线。

③ 将硬盘放入机箱中专门用于固定硬盘的安装架上。

④ 用专用的硬盘螺丝把硬盘固定在硬盘架上。

⑤ 硬盘的电源线及数据线等主板安装好后再进行连接。

（2）安装光驱的方法如下。

① 打开 DVD 光驱包装盒，检查光驱是否完好、有无划痕，尤其检查光驱接口有无断针或者弯曲的情况。

② 设置光驱跳线。如果硬盘为 IDE 接口，需要设置光驱跳线。对照光驱面板或光驱机壳上的跳线说明设置光驱的主、从跳线。如果光驱和硬盘共用一个 IDE 接口，则光驱设置为从盘；若光驱和硬盘分别接在两个 IDE 接口，则光驱可以设为主盘。跳线设置用镊子夹出跳线帽，并按需要插在正确位置即可。

③ 将机箱光驱挡板取下，从前面将光驱推入机箱，如图 3-8 所示。

图 3-8　安装光驱

④ 将光驱固定。根据机箱不同，固定光驱的方式也有所不同，传统机箱是用螺钉来固定光驱的。也有一些机箱设定好相关的卡扣，只要安装前取下卡扣，安装好光驱再扣上卡扣就能固定。

（四）安装 CPU 及散热器

一般来说，在把主板安装进机箱之前，应先把 CPU、散热器及内存条安装到主板上，这样可以避免机箱空间狭小从而导致操作不便的情况发生。

（1）安装 CPU 的方法。

① 按照包装盒的指示，打开 CPU 包装，取出 CPU 并检查其有无针脚折断或者弯曲等问题。

② 打开固定扳手。找到 CPU 插座的固定扳手，用适当力度向下微压扳手将其向外侧推，使扳手脱离固定卡扣，然后拉起扳手，如图 3-9 所示。

③ 掀开 CPU 盖子。打开固定扳手后，再掀开 CPU 的盖子，如图 3-10 所示。

图 3-9　打开固定扳手　　　　　　　　　图 3-10　掀开 CPU 盖子

④ 插入 CPU。在 CPU 角上有一个金色的三角形标识，在主板 CPU 插槽上也有一个缺角三角形标识，把 CPU 上的金色三角形对准 CPU 插槽上的三角形标识，然后平稳放下 CPU，将 CPU 轻压到位，如图 3-11 所示。

⑤ 关闭扳手。将 CPU 安放到位后，盖上扣盖，反方向扣下扳手，这样 CPU 就被固定在了 CPU 插座中。

（2）安装散热器。不同规格的散热器其安装方法并不相同。这里以其中的一种四角固定式散热器为例进行介绍。

① 取出包装盒内的 CPU 散热器，检查散热器质量，如图 3-12 所示。

图 3-11　插入 CPU　　　　　　　　　　图 3-12　散热器

② 在 CPU 表面均匀地涂一层硅胶，使 CPU 和散热器能良好接触，便于散热。有些散热器在购买时已经在底部涂上了硅胶，就不需要再涂一层了。

固定散热器，将散热器的四个角对准主板的相应孔位，用力压下四角扣具，使散热器固定在主板上，然后顺时针旋转每个扣具的旋钮，固定住散热器，如图 3-13 所示。

③ 连接散热器电源线。固定好散热器后，在 CPU 插座附近找到一个标识为 CPU_FAN 的四针接口，将散热器的电源线对准插入即可，如图 3-14 所示。

图 3-13　固定散热器

图 3-14　连接散热器电源线

（五）安装内存条

首先取出内存条，检查金手指是否有划痕、污垢等，然后将内存插槽两端的塑料卡子向两边扳开。

内存条与主板上的内存插槽采用防呆式设计，如果方向反了将无法插入。

扳开塑料卡子后，将内存条平行放入插槽，用两个大拇指按住内存条的两头，将内存条轻微下压，直到听到"嗒"的一声，说明内存条已经安装到位，并且两边的卡子已自动闭合卡住内存了，如图 3-15 所示。

图 3-15　内存条安装

（六）安装主板

安装主板的方法如下。

（1）将机箱提供的主板垫脚螺母安放到机箱主板托架的对应位置，通常需要安装 6～9 个主板垫脚螺母。

（2）根据主板接口情况，去掉机箱背面对应位置的挡板。由于挡板是与机箱直接连在一起的，可先用螺丝刀将其顶开，再用尖嘴钳把挡板扳下。

（3）将主板的 I/O 接口对准机箱背面的相应位置，双手平托主板，将主板放入机箱的底板上，使鼠标、键盘、串/并口及 USB 接口等和机箱背面挡板的相应插孔对齐，如图 3-16 所示。

图 3-16　将主板放入机箱

（4）检查螺钉、螺母是否与主板的定位孔相对应，将螺钉拧紧，这样主板就固定好了，如图 3-17 所示。注意每颗螺钉不要一次性拧紧，要等所有螺钉都安装到位后，再将每颗螺钉拧紧，这样做的好处是可以随时对主板的位置进行调整。

图 3-17　固定主板

（七）安装显卡与声卡

打开显卡包装，检查接口及配件是否完好。

取下机箱背后对应的封条，用手握住显卡两端，垂直对准并平稳地插入主板显卡插槽（PCI-E 槽或 VGA 槽），然后用螺钉固定显卡，如图 3-18 所示。

注意：显卡挡板下端不要顶在主板上，否则无法插到位。

声卡的安装方法与显卡类似，此处不再赘述。

（八）连接机箱内各种线缆

1．连接数据线

数据线主要是指硬盘、光驱的数据连线。

对于 IDE 硬盘，通常使用的是 Ultra ATA 66/100/133 线缆。这类线缆有 3 个彩色接头，蓝色接头连接主板 IDE 接口，

图 3-18　安装显卡

黑色连接主驱动器，中间灰色接头连接从驱动器（如第二块硬盘），如图 3-19 所示。数据线连接到主板时，应注意插头上的凸起对应主板上的缺口，然后垂直压入主板 IDE 接口，如图 3-20 所示。

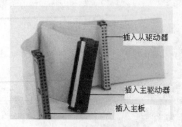

图 3-19　IDE 数据线

图 3-20　连接主板 IDE 接口

如果硬盘连线是 SATA 数据线，则每个 SATA 接口只能连接一个硬盘，因此不用考虑跳线设置。SATA 数据线两端的插头没有区别，均采用单向 L 形盲插插头，如图 3-21 所示。连接 SATA 接口只需将一端接入主板 SATA1 接口，另一端接入硬盘即可。

图 3-21　主板 SATA 接口与 SATA 连接线

光驱数据线的连接，当光驱和硬盘各用一根数据线时，光驱的连线和硬盘的连线基本相同，只需要将数据线的蓝色插头插入主板的 IDE2 接口。当光驱与硬盘合用一根数据线时，把数据线中间的灰色插头插入光驱数据接口。

如果是两个 IDE 硬盘，并且第二个设置为从盘模式的硬盘与光驱连接在一条数据线上，则将光驱设置为主盘模式，接在数据线的黑色接口。

2．连接电源线

电源线主要指主板电源、CPU 电源、硬盘电源、光驱电源等。

（1）连接主板电源。目前大部分主板采用 24 芯供电电源，也有部分为 20 芯。从机箱电源输出插头找到 24 芯主板电源接头，将其对准主板电源接口，插紧并使插头与插座的塑料卡子相互卡紧，防止插头脱落。主板电源如图 3-22 所示。

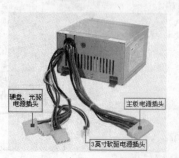

图 3-22　连接 ATX 24 芯主板电源

（2）连接 CPU 电源。为了给 CPU 稳定供电，主板上一般都提供一个给 CPU 单独供电的接口，常规为 4 芯、6 芯或 8 芯。找出电源输出头中的 4 芯 CPU 专用电源接头，插到主板 CPU 专用插座上，如图 3-23 所示。

图 3-23　CPU 插头及主板插座

（3）连接硬盘电源。对于 IDE 硬盘，从电源输出插头中找出 4 芯插头，连接到 IDE 硬盘电源接口，如图 3-24 所示。

图 3-24　IDE 硬盘电源线与数据线

4 芯 D 型插头用来连接 IDE 硬盘及光驱，如果是 SATA 硬盘则用 15 线电源插头，如果没有 15 线插头，可以使用 SATA 电源转换线，如图 3-25 所示。

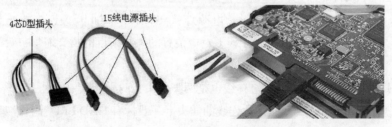

图 3-25　SATA 硬盘电源线连接

（4）连接光驱电源。光驱电源线和 IDE 电源线相同，从电源输出头中找出 4 芯 D 型插头，连接到光驱的电源接口上即可，如图 3-26 所示。

3．连接机箱指示灯、开关线

为使机箱上的指示灯及开关等能正常使用，需要正确地连接相关连线。主板不同，相关的插针位置设计也会不同，在连接前要认真阅读主板说明书，找到对应的插针位置，如图 3-27 所示。

图 3-26　光驱数据线与电源线连接

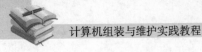

图 3-27　机箱连线和主板插针位置

（1）电源开关（POWER）。这个开关的插头是两脚的，为便于用户识别，其中一根连线一般用黄色、棕色或黑色表示，而另一根连线一般为白色。此插头必须插接，否则无法通过机箱面板启动计算机（直接短接主板上的 POWER 插针也可启动）。此开关的连线插头上一般标有 POWER SW 字样，如图 3-28 所示。而主板上对应位置的插针附近的英文缩写一般为 PWR、POWER SW、PWR SW、PW、PW SW 或 PS 等。

（2）复位开关（RESET）。复位开关的插头也是两脚的，其中一根连线一般用蓝色表示，另一根连线为白色。其作用是在不断电的情况下使计算机重新启动，常常是在计算机运行中突然死机时使用。此开关连线的插头上一般标有 RESET SW 字样，如图 3-29 所示。主板上对应位置的插针附近的英文缩写一般为 RESET、RST、RS 或 RE 等。

图 3-28　电源插头　　　　　　　　　　　　　图 3-29　复位开关插头

（3）电源灯（POWER LED）。电源灯连线同样是两脚插头，其中一根连线一般用绿色表示，另一根连线为白色。当主机电源启动时，电源灯就会亮起来。此开关连线的插头上一般标有 POWER LED 字样，如图 3-30 所示。主板上对应位置的插针附近的英文缩写一般为 PW LED、POWER LED、PWR LED、PLED+ 和 PLED- 等。

（4）硬盘灯（HDD LED）。硬盘灯连线也是两脚插头，两根连线一般是一红一白。当硬盘有读写动作时，硬盘灯就会亮起来。此开关连线的插头上一般标有 HDD LED 字样，如图 3-31 所示。主板上对应位置的插针附近的英文缩写一般为 HDD LED、HD 或 IDE_LED+ 和 IDE_LDE- 等。

图 3-30　电源灯连线　　　　　　　　　　　　图 3-31　硬盘灯连线

（5）喇叭（Speaker）。此连线的插头有四个接脚，但只有两根连线，其颜色一般是一红一黑或一橘一黑，正确连接后供机箱上的喇叭使用。此开关连线的插头上和主板上对应的插针附近一般都标有 Speaker 字样，如图 3-32 所示。

计算机在正常启动以后就会通过喇叭发出"嘀"的一声，或是在不能正常启动的时候，通过喇叭发出相应的报警声，为用户解决问题提供帮助。不过，有些主板上已经集成有喇叭，这时就不必连接机箱上的喇叭了。

图 3-32　喇叭连线

一般情况下，这些接线中的白线或黑线表示负（-）极，彩色线表示正（+）极。

电源开关（POWER）和复位开关（RESET）即使接反了也可正常工作，不用担心极性。而硬盘灯（HDD LED）接反了是不会亮的，若听见硬盘在运转但灯没亮，只需把插头反接即可。其他插头的插接方法类似，若不能正常工作，反接过来即可。

4. 连接 USB 扩展接口

如今的主板除了直接在 I/O 接口提供 USB 接口外，还在主板上预留 USB 接口的插针。如果所使用的机箱配备有前置 USB 接口，那么可以通过前置 USB 接口的连线与主板 USB 连接器相连接。

主板 USB 连接器大多是两个 USB 接口组合而成的双行五列或双行四列的连接器，只要按照相应的顺序接好即可，USB 连线及主板 USB 接口如图 3-33 所示。

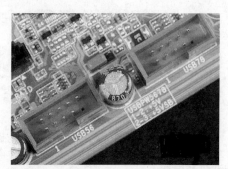

图 3-33　USB 连线及前置 USB 接口

由于各品牌主板的前置 USB 连接端并不是遵从统一标准，连线的时候也会比较麻烦。所以，在安装之前必须确认机箱的前置 USB 插头与主板的 USB 连接器的连线规则一样，否则的话，有可能安装不了，或者安装上去无法正常使用。

5. 整理内部连线并合上机箱盖

机箱内部空间有限，加之设备发热量都比较大，为避免狭小的机箱空间影响空气流动与散热，同时避免发生连线松脱、接触不良或信号紊乱等现象，整理机箱内部的连线就显得很有必要。具体操作步骤如下。

（1）首先是面板信号线的整理。面板信号线比较细，而且数量较多，平时都是乱作一团。整理它们，只要将线理顺，然后折几个弯，再用扎带捆起来即可。

（2）其次是电源线的整理。先用手将电源线理顺，将不用的电源线放在一起，用扎带捆绑，避免不用的电源线散落在机箱内，妨碍以后插接硬件。

（3）最后对 IDE、FDD 线进行整理。

经过一番整理，机箱内部整洁了很多，这样不仅有利于散热，而且方便日后添加或拆卸硬件。整理机箱的连线还可以提高系统的稳定性。

装机箱盖前，要仔细检查各部分连接情况，确保无误后，把主机机箱盖合上，拧紧螺钉，就成功安装好主机了。

（九）安装调试

主机安装完成以后，就可以把显示器、键盘、鼠标等外设连接起来，加电后开机自检调试。具体步骤如下。

1．安装显示器

首先打开显示器的包装箱，取出说明书，并根据说明书检查配件，检查显示器的质量。

其次安装显示器底座。不同的显示器底座有所不同，具体安装请参考显示器所配备的安装说明书。

然后连接显示器的电源。从附件袋里取出电源连接线，将显示器电源连接线一端连到显示器上，另一端插入电源插座。

最后连接显示器信号线。将显示器的信号线一端接在显示器后的插孔，另一端连接到显卡上。一般显卡输出端为一个 15 孔的三排插座，为了防止用户插反，厂商在设计插头时会将显示器信号线的外形设计为梯形，连接时注意方向即可，如图 3-34 所示。

图 3-34　梯形接头与显示器信号线

2．连接键盘和鼠标

键盘和鼠标是计算机重要的输入设备，安装方法比较简单，只需要将其插头对准缺口方向插入主板上的对应接口即可。

一般鼠标和键盘的接口有两种，一种是圆口的 PS/2 接口，如图 3-35 所示。与此对应，在主板上的插孔如图 3-36 所示。另一种是扁口的 USB 接口。为了区分键盘和鼠标，一般键盘的接口和接头颜色为紫色，鼠标则为绿色，连接时需要注意区分。

图 3-35　鼠标和键盘 PS/2 接头　　　　图 3-36　主板上的鼠标键盘插孔

3．连接主机电源

找到主机的电源线，一端接插在电源插座，另一端接插到主机后面的电源接口。电源线的插头采用梯形设计，反方向是无法插入的，如图 3-37 所示。

4. 开机加电自检

（1）在通电之前，首先要检查各个设备的连接是否正确、接触是否良好，尤其要注意各种电源线是否有接错或接反的现象。检查无误后，将电源线插头插入 220V 的电源插座。

（2）打开显示器开关，按下机箱上的电源按钮，注意观察通电后有无异常。如果发现有冒烟、发出烧焦的异味或报警声，立即拔掉主机电源插头或关闭插座的电源，然后进行检查。

图 3-37　主机电源线

（3）如果一切正常，在计算机启动约 3 秒后，机箱喇叭会发出“嘀”的一声，同时还可以听到主机电源风扇转动的声音和硬盘启动时发出的自检声，机箱上的电源指示灯一直呈现点亮的状态，硬盘指示灯及键盘右上角的 Num Lock、Caps Lock、Scroll Lock 3 个指示灯亮一下后再熄灭。显示器出现开机画面信息，并进行硬件自检。

（4）硬件自检通过后，关闭主机电源，拔掉电源插头。

（5）安装机箱侧面板。安装机箱盖时，再次检查各部分的连接情况，确认无误后将主机的机箱盖盖好，拧紧机箱螺钉。

课后习题

一、选择题

1. 以下不是 BIOS 中保存的程序是（　　）。

    A. 系统信息设置　　　　　　　　　　B. 开机上电自检程序

    C. 系统启动自举程序　　　　　　　　D. Microsoft Word

2. 计算机组装完毕后，加电开机，显示器黑屏，不可能的原因是（　　）。

    A. 显示器连接不良　　　　　　　　　B. 主板有故障

    C. 软驱连接不良　　　　　　　　　　D. 内存安插不良

3. 设备管理器中，标识黄色感叹号或问号表示（　　）。

    A. 该设备没有安装　　　　　　　　　B. 该设备使用中出现硬件问题

    C. 该设备没有被 Windows 正确识别　　D. 可以正常使用该设备

4. 安装内存时，要保证内存条与主板成（　　）。

    A. 30°　　　　　　B. 60°　　　　　　C. 90°　　　　　　D. 120°

5. 下面各组信号线的说法，正确的一组是（　　）。

    A. SPEAKER 表示喇叭，RESET 是重新启动开关

    B. POWER LED 是机器电源开关接线

    C. POWER SW 是机器电源指示灯接线

    D. HDD LED 是键盘锁开关

6. 目前大多数个人计算机中，进入 BIOS 的按键是（　　　）。

    A．Ctrl   B．Shift   C．空格   D．Delete

二、填空题

1．在计算机组装之前，应该释放掉手上的_____。

2．安装 CPU 时，为了更好的散热，要在 CPU 的表面涂上_____。

3．IDE 接口的硬盘，通常在安装之前应先设置好硬盘的_____跳线。

三、简答题

1．简述计算机组装的基本步骤。

2．简述安装硬盘、光驱应该注意哪些问题。

3．简述机箱内部与主板相连的信号线有哪几根。它们各自的作用是什么。

四、实训题

1．打开计算机的机箱，指出计算机中的主要硬件。

2．自己动手拆卸一台计算机，并重新将它组装起来。

任务一　BIOS 设置

一、任务分析

理解 BIOS 的基本功能，掌握 BIOS 中有关设置选项的含义和设置方法，能正确进行 BIOS 设置操作。

二、相关知识

（一）BIOS 基本概念

1. BIOS 与 CMOS

BIOS（Basic Input/Output System，基本输入/输出系统）全称是 ROM-BIOS，即只读存储器基本输入/输出系统，通常被固化在主板上的一块 ROM 芯片中，实际是一组为计算机提供最低级、最直接硬件控制的程序，负责解决硬件的即时需求，并按软件对硬件的操作要求具体执行。

BIOS 是启动计算机后第一个被执行的程序，负责从打开系统电源的瞬间到 Windows 操作系统开始之前的启动过程。开启电源后，计算机会检查 CPU、内存、硬盘等设备是否有异常，并确认这些设备中存储的内容是否与 BIOS 内容相同。如果主板上没有 BIOS，计算机就不可能启动，而且一块主板的性能优越与否，很大程度上取决于主板上的 BIOS 管理功能是否先进。

CMOS（Complementary Metal Oxide Semiconductor，互补金属氧化物半导体）是一种大规模应用于集成电路芯片制造的原料，是个人计算机主板上的一块可读写的 RAM 芯片，用来保存当前系统的硬件配置和用户对某些参数的设定。CMOS 可由主板的电池供电，即使系统断电，信息也不会丢失。CMOS RAM 本身只是一块存储器，只有数据保存功能，而对 CMOS 中各项参数的设定要通过专门的程序。

2. BIOS 设置与 CMOS 设置的区别和联系

在计算机日常维护中，常常可以听到 BIOS 设置和 CMOS 设置的说法，那么 BIOS 和 CMOS 设置有什么关系呢？

BIOS 与 CMOS 既相关又不同：CMOS 是计算机主板上的一块特殊的 RAM 芯片，是系统参数存放的地方；BIOS 中的系统设置程序是完成参数设置的手段。准确的说法是通过 BIOS 设置程序对 CMOS 参数进行设置。BIOS 设置与 CMOS 设置都是简化的说法，但是 BIOS 与 CMOS 却是完全不同的两个概念，不可混淆。

（二）BIOS 基本功能

1. 自检及初始化

计算机刚接通电源时对硬件部分的检测也叫加电自检（POST，Power On Self Test），功能是检查计算机是否良好，如内存有无故障等。

初始化，包括创建中断向量、设置寄存器、对一些外围设备进行初始化和检测等，其中很重要的一部分是 BIOS 设置，主要是对硬件设置的一些参数，当计算机启动时会读取这些参数，并和实际硬件设置进行比较，如果不符合会影响系统的启动。

2. BIOS 系统启动自举程序

BIOS 在完成 POST 自检后启动磁盘引导扇区自举程序，BIOS 按照系统 CMOS 设置中设置的启动顺序信息搜索软硬盘驱动器、CD-ROM、网络服务器等有效的启动驱动器，将启动盘的引导扇区记录读入内存，然后将系统控制权交给引导记录，并由引导程序装入操作系统的核心程序，以完成系统平台的启动过程。

3. 程序服务处理和硬件中断处理

程序服务处理程序主要用于为应用程序和操作系统服务，这些服务主要与输入/输出设备有关，如读磁盘、文件输出到打印机等。为了完成这些操作，BIOS 必须直接与计算机的 I/O 设备打交道，它通过端口发出命令，向各种外围设备传送数据以及从外围设备接收数据，使程序能够脱离具体的硬件操作。硬件中断处理则分别处理个人计算机硬件的需求，因此这两部分分别为软件和硬件服务，组合到一起使计算机系统正常运行。

4. 程序服务请求

程序服务请求主要是为应用程序和操作系统等软件服务的。BIOS 直接与计算机的 I/O 设备打交道，通过特定的数据端口发出命令，传送或接收各种外围设备的数据。软件程序通过 BIOS 完成对硬件的操作，如将磁盘上的数据读取出来并将其传输到打印机或传真机上，或通过扫描仪将信息直接输入到计算机中。

（三）BIOS 的分类

1. AMI BIOS

AMI BIOS 是 AMI 公司出品的 BIOS 系统软件，最早开发于 20 世纪 80 年代中期，早期的 286、

386 大多采用 AMI BIOS。它具有对各种软、硬件的适应性好、能保证系统性能的稳定、操作直观方便等优点。到了 20 世纪 90 年代，绿色节能计算机开始普及的时候，AMI 却没能及时推出新版本来适应市场，Award BIOS 的市场占有率借此机会大大提高。当然现在的 AMI 也有非常不错的表现，新推出的版本依然功能很强。AMI BIOS 的界面如图 4-1 所示。

2. Award BIOS

Award BIOS 是 Award Software 公司开发的 BIOS 产品，目前十分流行，其特点是功能比较齐全，对各种操作系统提供良好的支持。Award BIOS 也有很多版本，目前用的最多的是 6.X 版。虽然 Award Software 公司已被 Phoenix 公司收购，并成为 Phoenix 旗下的一个部门，不过最新生产的 BIOS 仍然以 Award 为名，台式机中的 Award-phoenix，其实就是以前的 Award BIOS。Award BIOS 的界面如图 4-2 所示。

3. Phoenix BIOS

图 4-1　AMI BIOS 界面

Phoenix BIOS 是 Phoenix 公司的产品，Phoenix BIOS 多用于高档的原装品牌机和笔记本电脑上，其画面简洁，便于操作，界面如图 4-3 所示。

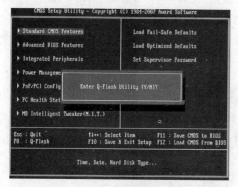

图 4-2　Award BIOS 界面

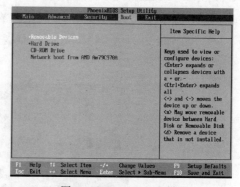

图 4-3　Phoenix BIOS 界面

三、任务实施

（一）理解何时进行 BIOS 设置

进行 BIOS 设置是由用户手工完成的一项十分重要的系统初始化工作，在以下情况下往往需要进行 BIOS 设置。

（1）新购计算机时。新购买的计算机必须进行 CMOS 参数设置，以便告诉计算机整个系统的配置情况。当前日期、时间等基本资料须由用户手动进行设置。

（2）新增设备时。很多新添加或更新的设备，计算机不一定能识别，必须通过 BIOS 设置来通知计算机。另外，新增设备与原有设备之间的 IRQ、DMA 冲突等也要通过 BIOS 设置来排除。

（3）CMOS 数据意外丢失时。主板电池失效、病毒破坏了 CMOS 数据、意外清除了 CMOS 参数等情况，都会造成 CMOS 数据的丢失，必须通过进入 BIOS 设置程序重新进行 CMOS 设置。

（4）系统优化时。CMOS 中的设置对系统而言并不一定是最优的，如内、外 Cache 的使用、节能保护、电源管理乃至开机启动顺序都对计算机的性能有一定的影响，这些也都必须通过 BIOS 来进行设置。

（二）进入 BIOS 设置的方法

在开机时按下特定的快捷键可以进入 BIOS 设置程序，不同类型的机器进入 BIOS 设置程序的按键不同，有的屏幕上给出提示，有的不给出提示，几种常见的 BIOS 设置程序的进入方式如下。

（1）Award BIOS：按 Delete 键或 Ctrl+Alt+Esc 组合键，屏幕有提示。

（2）AMI BIOS：按 Del 键或 Esc 键，屏幕有提示。

（3）Phoenix BIOS：按 F2 或 Ctrl+Alt+S 组合键，屏幕无提示。

（三）熟悉设置选项

Award BIOS 是目前应用最为广泛的一种 BIOS，很多教材都有详细的介绍，而且 Award BIOS 的设置界面比较直观，容易上手，因此此处不再介绍。

Phoenix BIOS 的应用也非常广泛，多用于高档的原装品牌机和笔记本计算机上，本任务将主要介绍 Phoenix BIOS 中的有关设置选项的含义和设置方法。其实不同厂家的 BIOS 设置大同小异，掌握了一种 BIOS 设置，其他类型很容易也就掌握了。

（1）基本设置。开机按 F2 键进入 Phoenix bios 设置，按 Enter 键，默认进入 "Main" 菜单，界面如图 4-4 所示。

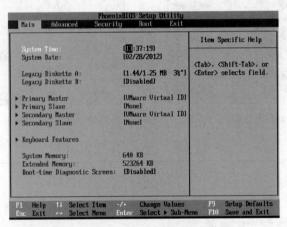

图 4-4　Phoenix BIOS "Main" 菜单界面

"Main" 菜单中各子项的作用如表 4-1 所示。

表 4-1　　　　　　　　　　"Main" 菜单中各子项的名称与作用

子 项 名 称	作 用
System Time	系统时间设置，格式为时：分：秒
System Date	系统日期设置
Legacy Diskette	软驱设置

子 项 名 称	作　用
Primary Master/Slave	IDE1 设置
Secondary Master/Slave	IDE2 设置
Keyboard Features	键盘特征
System Memory	系统内存
Extended Memory	扩展内存
Boot-time Diagnostic Screen	启动时间诊断屏幕

（2）高级设置。进入 BIOS 设置后，按"←"或"→"方向键选择"Advanced"菜单，按 Enter 键，打开图 4-5 所示的界面。

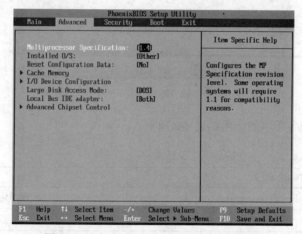

图 4-5　Phoenix BIOS "Advanced" 菜单界面

"Advanced" 菜单中各子项的作用如表 4-2 所示。

表 4-2　　　　　　　　　　"Advanced" 菜单中各子项的名称与作用

子 项 名 称	作　用
Multiprocessor Specification	多重处理器规范，1.4/1.1
Installed O/S	安装 O/S 模式，有 IN95 和 OTHER 两个值
Reset Configuration Data	重设配置数据，有 YES 和 NO 两个值
Cache Memory	高速缓冲存储器
I/O Device Configuration	输入/输出选项
Large Disk Access Mode	大型磁盘访问模式
Local Bus IDE adapter	本地总线的 IDE 适配器
Advanced Chipset Control	高级芯片组控制

说明：Multiprocessor Specification 专用于多处理器主板，用来确定 MPS 的版本，以便让个人计算机制造商构建基于 Intel 架构的多处理器系统。与 1.1 标准相比，1.4 增加了扩展型结构表，可用于多重 PCI 总线，并且对未来的升级十分有利。另外，v1.4 拥有第二条 PCI 总线，还无须 PCI 桥连接。新型的 SOS（Server

Operating Systems，服务器操作系统）大都支持 1.4 标准，包括 WinNT 和 Linux SMP（Symmetric Multi-Processing，对称式多重处理架构）。如果可以的话，应尽量使用 1.4。

（3）安全设置。进入 BIOS 设置后，按"←"或"→"方向键选择"Security"菜单，按 Enter 键，打开图 4-6 所示的界面。

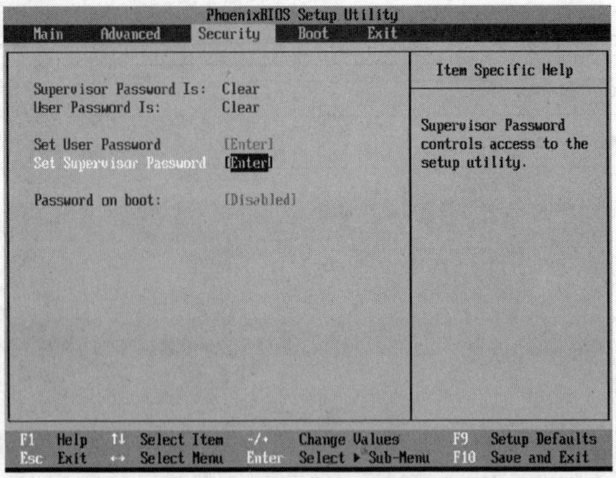

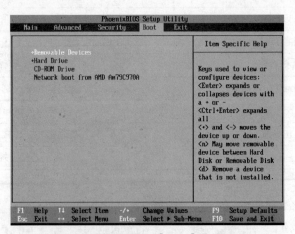

图 4-6　Phoenix BIOS【Security】菜单界面

【Security】菜单中各子项的作用如表 4-3 所示。

表 4-3　　　　　　　　　　　【Security】菜单中各子项的名称与作用

子 项 名 称	作　　用
Supervisor Password Is	管理员密码状态
User Password Is	用户密码状态
Set User Password	设置用户密码
Set Supervisor Password	设置管理员密码
Password on boot	启动是否需要输入密码

（4）启动设置。进入 BIOS 设置后，按"←"或"→"方向键选择【Boot】菜单，按 Enter 键，打开图 4-7 所示的界面。

图 4-7　Phoenix BIOS【Boot】菜单界面

"BOOT"菜单主要是用来设置启动顺序的，启动顺序依次为：移动设备—光驱—硬盘—网卡。如果需要更改，可以选中该项后用"+"或"−"键来上下移动。完成之后按 F10 键就可以保存并退出。

（5）退出设置。进入 BIOS 设置后，按"←"或"→"方向键选择"Exit"菜单，按 Enter 键，打开图 4-8 所示的界面。

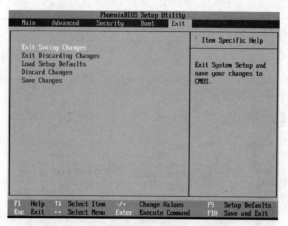

图 4-8　Phoenix BIOS "Exit"菜单界面

"Exit"菜单中各子项的作用如表 4-4 所示。

表 4-4　　　　　　　　　　　　　　"Exit"菜单中各子项的名称与作用

子 项 名 称	作　　用
Exit Saving Changes	保存退出
Exit Discarding Changes	不保存退出
Load Setup Defaults	恢复出厂设置
Discard Changes	放弃所有操作恢复至上一次的 BIOS 设置
Save Changes	保存但不退出

（6）补充说明。某些主板上还有"Devices"和"Power"两个菜单。其子项含义分别如表 4-5 和表 4-6 所示。

表 4-5　　　　　　　　　　　　　"Devices"菜单中各子项的名称与作用

子 项 名 称	作　　用
PS/2 Mouse	PS/2 鼠标
Diskette Dirve	磁盘驱动
Serial Port Setup	串口设置
USB Setup	USB 设置
Parallel Port Setup	并口设置
Video Setup	视频设置
IDE Drives Setup	IDE 驱动器设置
Audio Setup	音频设置
Network Setup	网络设置

表 4–6 　　　　　　　　　　　　"Power" 菜单中各子项的名称与作用

子 项 名 称	作 用
ACPI BIOS IRQ	高级配置和电源管理接口基本输入输出系统中断
ACPI Standby Mode	高级配置和电源管理接口标准模式
Hard Disk Timeout	硬盘超时
After Power Loss	功率损耗后
Automatic Power On	自动开机

（四）BIOS 设置实例操作

（1）设置系统时间/日期的步骤如下。

① 开机后按 F2 键进入 BIOS，按 "←" 或 "→" 方向键选择 "Main" 菜单，按 Enter 键，打开图 4-9 所示的界面。

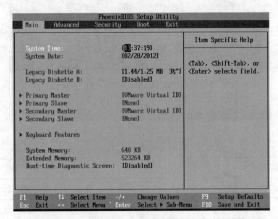

图 4-9　设置系统时间

② 利用 "↑" 或 "↓" 方向键选择 "System Time（System Date）" 选项，利用 "+" 或 "–" 键设置小时。设置完成后按 Enter 键，接下来设置分钟，再次按 Enter 键，最后设置秒数。

③ 按 F10 键，打开图 4-10 所示的对话框，询问是否保存修改，选择 "Yes"，保存对系统时间的设置。

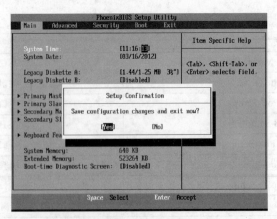

图 4-10　保存设置

备注：设置系统日期的方法与设置系统时间相同，这里就不再介绍了。

（2）设置光驱为第一启动项。

① 开机后按 F2 键进入 BIOS，按"←"或"→"方向键选择"Boot"菜单，按 Enter 键，打开图 4-11 所示的界面。

② 利用"↑"或"↓"方向键将"CD-ROM Drive"的位置更换到顶端，使之成为第一项，如图 4-12 所示。

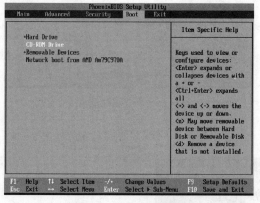

图 4-11　设置开机启动项

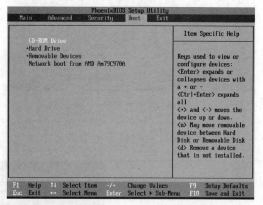

图 4-12　将"CD-ROM Drive"项调至顶端

③ 按 F10 键，打开图 4-13 所示的对话框，选择"Yes"，保存对启动顺序的设置。

（3）设置开机密码。在操作系统中设置密码后，每次进入操作系统前都需要用户输入密码，这个密码在 Windows 中进行设置。如果我们在 BIOS 中设置密码，则计算机在开机或进入 BIOS 时会要求输入密码。这样对于电脑使用来说更加安全。具体设置方法介绍如下。

① 开机后按 F2 键进入 BIOS，按"←"或"→"方向键选择"Security"菜单，按 Enter 键。选择"Set Supervisor Password"项，如图 4-14 所示，按 Enter 键。

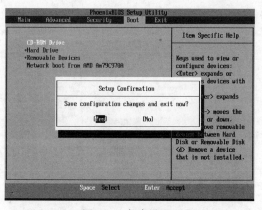

图 4-13　保存设置

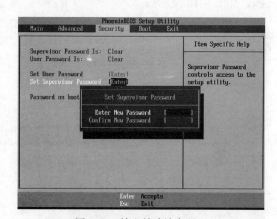

图 4-14　输入并确认密码

② 输入一个密码，按 Enter 键。然后重复输入一次。两次输入的密码要求一致，否则不能设置成功。按 Enter 键，完成"Set Supervisor Password"项的设置。

③ 利用"↑"或"↓"方向键，选择"Password on boot"选项，按 Enter 键，选择"Enabled"选项，如图 4-15 所示。这样在开机时，就会提示用户输入开机密码。

④ 按 F10 键，打开图 4-16 所示的对话框，选择"Yes"，保存对开机密码的设置。

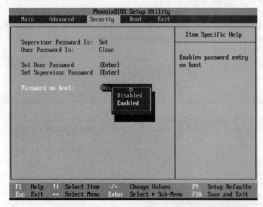

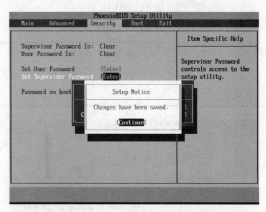

图 4-15　设置开机输入密码功能　　　　　　　　图 4-16　保存更改并确认

⑤ 重新启动计算机，开机后屏幕中间会出现一个要求输入密码的对话框，如图 4-17 所示。

图 4-17　重启后桌面显示

（4）禁用 USB 设备。

① 开机后按 F2 键进入 BIOS，按"←"或"→"方向键选择"Devices"菜单，选择"USB Setup"选项，如图 4-18 所示。

② 按 Enter 键后选择"Disabled"选项，如图 4-19 所示。

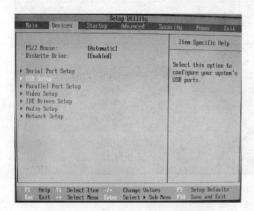

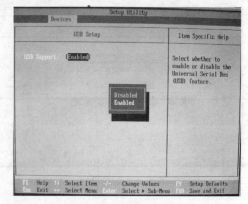

图 4-18　选择"USB Setup"选项　　　　　　　　图 4-19　禁用 USB 设备

③ 按 F10 键，保存并退出 BIOS 设置。

（5）更改硬盘数据传输模式。

① 开机后按 F2 键进入 BIOS，按"←"或"→"方向键选择"Devices"菜单，选择"IDE Drives

Setup"选项，按 Enter 键。

② 选择"Serial ATA"选项，按 Enter 键，选择"Disabled"选项，如图 4-20 所示。按 Enter 键。

③ 将"Serial ATA"选项由 Enabled 状态修改为 Disabled 状态后，按 F10 键，保存并退出 BIOS 设置。

（6）载入默认设置。"Load Setup Defaults"选项是恢复默认设置，当 BIOS 设置混乱或被破坏的时候，可以进入该设置项。设置程序将使用 BIOS 默认设置值，自动完成有关设置，使系统以保持稳定的模式工作。

具体设置方法介绍如下。

① 开机后按 F2 键进入 BIOS，按"←"或"→"方向键选择"Exit"菜单，利用"↑"或"↓"方向键选择"Load Setup Defaults"选项。按 Enter 键，弹出图 4-21 所示的对话框，选择"Yes"并按 Enter 键。

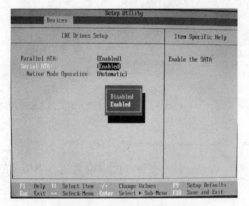

图 4-20　禁用 SATA 传输模式

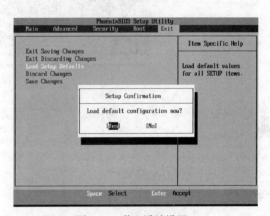

图 4-21　载入默认设置

② 按 F10 键，选择"Yes"，载入出厂时的默认设置。

（五）HP 商用机 BIOS 设置

目前较新的 HP 商用台式机，常使用 HP 公司自己的 BIOS，如图 4-22 所示。

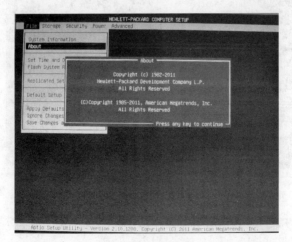

图 4-22　HP BIOS

（1）设置启动项。

① 进入 BIOS 后，在"Storage"菜单中，选择"Boot Order"菜单项，打开图 4-23 所示的界面。

图 4-23 设置启动项

② 通过方向键，将要作为第一启动项的启动类型（如 ATAPI CD/DVD Drive 指定光盘启动）移动到顶端。

③ 按 F10 键，弹出确认对话框，选择"Yes"，保存对启动顺序的设置。

（2）设置进入 BIOS 的密码。为了防止用户随意修改 BIOS 中的参数，可以设置进入 BIOS 的密码。

① 进入 BIOS 后，在"Security"菜单中，选择"Setup Password"菜单项，打开图 4-24 所示的界面。

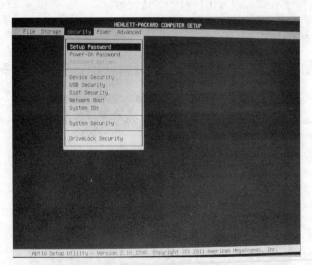

图 4-24 选择"Setup Password"菜单项

② 按 Enter 键，打开图 4-25 所示的界面，输入两次需要设置的密码。

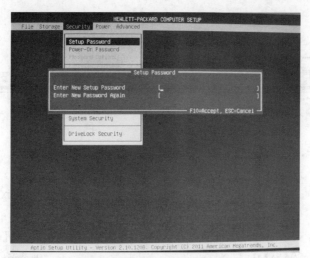

图 4-25 设置进入 BIOS 的密码

③ 按 F10 键，弹出确认对话框，选择 "Yes"，保存进入 BIOS 的密码。

设置了密码后，用户如果再要进入 BIOS，系统会提示输入密码，如果密码错误，用户将不能进入 BIOS，这在一定程序上可以保护 BIOS 不被随意修改。

（3）设置开机密码。开机密码是指系统启动前所需要的密码。如果设置了开机密码，当计算机开机后，首先会要求用户输入开机密码，然后才启动操作系统并要求用户输入进入操作系统的密码。

在 "Security" 菜单中，选择 "Power-On Password" 菜单项进行设置。

（4）设置系统日期和时间。

在 "File" 菜单中，选择 "Set Time and Date" 项进行设置，如图 4-26 所示。

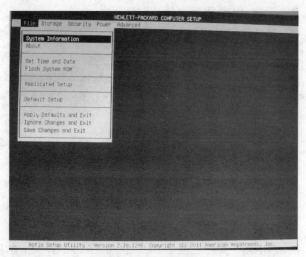

图 4-26 File 菜单

（5）恢复默认设置。在 "File" 菜单中，选择 "Apply Defaults and Exit" 菜单项进行设置。

恢复默认设置将使所有 BIOS 选项的值恢复到出厂设置，通常在 BIOS 设置混乱或被破坏时使用。

课后习题

一、选择题

1. 下列（　　）不是常见的 BIOS 品牌之一。

   A．AMI   B．Phoenix

   C．Award   D．ASUS

2. 下列（　　）品牌的 BIOS 常用来控制笔记本计算机内的设置。

   A．AMI   B．Phoenix

   C．Award   D．Asus

3. 下列（　　）不是常见的进入 BIOS 的方式。

   A．按 F2 键   B．按 Ctrl+Alt+Esc 组合键

   C．按 Delete 键   D．按 Shift+Esc 组合键

4. 启动计算机后，计算机自动搜索所有安装在计算机上的硬件设备状态的步骤，称为（　　）。

   A．快速自我监控   B．病毒扫描

   C．系统重整   D．开机自我检测

5. （　　）不属于更新 BIOS 之前的准备动作。

   A．在系统中执行硬盘格式化

   B．下载 BIOS 更新文件与记录程序

   C．确认主板品牌与 BIOS 版本

   D．制作 BIOS 备份

6. 要在开机进入任何设置前，系统出现输入密码提示，可以在 BIOS 特性设置的“Security”菜单项中，选择（　　）选项。

   A．Setup   B．System

   C．Disabled   D．Enabled

7. 如果用户不经意更改了某些 BIOS 设置值，可以选择（　　）进行恢复。

   A．Advanced Chipset Features   B．PNP/PCI Configuration

   C．Load Turbo Defaults   D．Load Steup Defaults

二、填空题

1. 所谓 BIOS，实际上就是 Basic Input Output System 的简称，译为＿＿＿＿＿＿＿，其内容集成在主板上的一个 ROM 芯片上。

2. 在 Award BIOS 中，把 Quick Power On Self Test 设置为＿＿＿＿＿＿＿时，可以加速计算机的启动。

3. 在 Award BIOS 中，＿＿＿＿＿＿＿选项可用来设置计算机在闲置多少时间后，自动进入休眠状态；＿＿＿＿＿＿＿选项则可用来设置计算机进入休眠状态后的省电模式。

4．主板上有两个用以连接硬盘数据线的 IDE 插槽，通常蓝色的 IDE 插槽所连接的硬盘为_____，在 BIOS 设置中以_____选项来控制所连接的硬盘；黑色插槽所连接为_____，在 BIOS 中是以_____选项来控制所连接的硬盘。

5．BIOS 中保存有计算机系统最重要的_____、_____、_____和_____。

三、简答题

1．简述 BIOS 的基本功能。

2．BIOS 与 CMOS 有何区别？有何联系？

3．计算机中如果要安装双硬盘或双光驱该如何设置？

4．为了防止别人进入计算机，要设置哪些密码，该如何设置？

第5章

硬盘的分区与格式化

任务一　使用分区工具进行硬盘分区

一、任务分析

小王新买了一块容量为 500GB 的硬盘，如果将操作系统安装文件、学习资料、游戏等存放在一个分区，文件数目太多，不仅文件管理很不方便，系统的维护同样不方便。如果管理用户自己的文件时，误删除了系统文件，还可能导致系统无法正常进入。这时，他想到了对硬盘进行分区。

本任务需要理解硬盘分区的原则，能使用常用的工具进行硬盘的分区操作。

二、相关知识

（一）硬盘分区的基础知识

硬盘是计算机中最重要的存储设备，数据以文件的形式存储在磁盘中。硬盘生产厂商生产的硬盘必须经过低级格式化、分区、高级格式化等三个步骤处理后硬盘才能在计算机中存储数据。硬盘的低级格式化通常由生产厂家完成，目的是划定磁盘可供使用的扇区和磁道并标记有问题的扇区。分区和高级格式化通常使用操作系统所提供的分区及格式化工具或其他分区工具软件进行处理即可，分区及高级格式化是为计算机在硬盘上存储数据起到标记定位的作用，是软件安装的基础。

1. 硬盘分区的基本概念

所谓"硬盘分区"，就是将硬盘内部分隔成多个部分，如同一套房子由多面墙隔开形成多个房间，以方便各种数据分类存储。

　　硬盘分区是对硬盘进行的有效划分，以提高硬盘的利用率，实现对资源的有效管理；在创建分区时可以设置硬盘的各项物理参数，并指定硬盘主引导记录和备份引导记录的存放位置，主引导记录存放在主分区，如引导记录损坏或丢失，硬盘无法启动。需要注意的是由于硬盘重新分区后，会清空硬盘上所有信息，因此不能随意对硬盘进行重新分区。

　　我们通常将硬件实体称为物理硬盘，即安装在计算机机箱内真实的硬盘，如图 5-1 所示。将硬盘分区后建立的各类驱动器称为逻辑盘（C 盘、D 盘等）。逻辑盘是系统为控制和管理硬盘而建立的操作对象，一块物理硬盘可以分割成多个逻辑盘，用户可根据需要进行调整。

　　硬盘分区主要包括主磁盘分区、扩展磁盘分区和逻辑分区共 3 种。通常一个硬盘可以有一个主分区和一个扩展分区，也可以只有一个主分区没有扩展分区。硬盘分区示意图如图 5-2 所示。

　　如果一块硬盘被分成主分区和扩展分区，那么除去主分区所占的容量外，剩下的容量都划分给扩展分区。主分区是硬盘的启动分区，它是独立的，也是硬盘的第一个分区，一般为 C 区；而扩展分区不能直接使用的，它是以逻辑分区的方式来使用的，所以扩展分区可分成若干个逻辑分区，它们是包含的关系，所有逻辑分区都是扩展分区的一部分，即扩展分区的容量是各个逻辑分区的容量之和。

图 5-1　物理硬盘

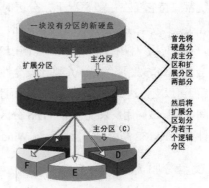

图 5-2　硬盘分区示意图

　　一块硬盘在分出主分区后，一般将剩余部分全部给扩展分区，也可以不全分。若不全分，那么未分的部分就浪费了。举例说明：如果一块硬盘分成 4 个逻辑盘：C 盘、D 盘、E 盘、F 盘，其中，C 盘为主分区；D 盘、E 盘和 F 盘合起来为扩展分区；D 盘为一个逻辑分区、E 盘为一个逻辑分区、F 盘为一个逻辑分区。它们的关系如图 5-3 所示。

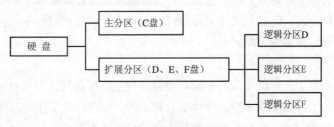

图 5-3　硬盘分区关系图

　　操作系统分配给驱动器盘符的规定如下：不管计算机上是否有软盘驱动器，盘符名 A、B 固定分配给软盘驱动器；C 分配给主分区；以后按顺序分配给逻辑分区；最后再分配给光盘驱动器。

2. 硬盘分区的情况

出现以下 3 种情况需要进行硬盘分区：

（1）第一次使用的新硬盘；

（2）现有的硬盘分区不合理；

（3）硬盘感染引导区病毒。

3. 硬盘分区的文件系统格式

文件系统是有组织地存储文件和数据的方式。通过格式化操作可以将硬盘分区格式化为不同的文件系统，目的是便于数据管理。常用 Windows 操作系统有 3 种分区格式，分别为 FAT16、FAT32、NTFS 格式。

FAT16 分区格式采用 16bit 的文件分配表，它是 MS-DOS 和早期 Windows95 操作系统所使用的磁盘分区格式。是目前获得操作系统支持最多的一种磁盘分区格式，几乎所有的操作系统都支持它，但其缺点是支持的单个分区的最大容量只能为 2GB。另外，FAT16 分区格式的磁盘利用效率低，目前大容量硬盘已不使用此分区格式。

FAT32 分区格式采用了 32bit 的文件分配表，使其对磁盘的管理能力大大增强，突破了 FAT16 对每个分区的容量只有 2GB 的限制。它是目前使用较多的分区格式，操作系统 Windows98/2000/XP/2003 系统都支持它。在一般情况下，分区时可以将分区都设置为 FAT32 格式。

NTFS 格式：其安全性和稳定性方面非常出色，在使用中不易产生文件碎片，并且能对用户的操作进行记录，通过对用户权限的限制，使每个用户只能按系统赋予的权限进行操作，充分保护了系统与数据的安全。NTFS 文件系统是一个基于安全性及可靠性的文件系统，除兼容性之外，它远远优于 FAT32。它不但可以支持达 2TB 大小的分区，而且支持对分区、文件夹和文件的压缩，可以更有效地管理磁盘空间。对局域网用户来说，在 NTFS 分区上可以为共享资源、文件夹以及文件设置访问许可权限，安全性要比 FAT32 高得多。操作系统 Windows 2000/XP/Server 2003/7 都支持这种分区格式。

（二）硬盘分区原则

1. 合理性

硬盘分区的合理性就是为了方便平时的磁盘管理，主要是指分区数目要合理，不能太多、太细，过多的分区数目，会减慢系统启动及访问资源管理器的速度。一般分 4～5 个区就可以了。

2. 实用性

每个用户对硬盘存储数据的要求不同，如需要存储哪些方面的数据，需要安装哪几个操作系统等都要根据自己的需要来制订方案。目前计算机都配置了大容量硬盘，一般 C 盘为系统盘，系统盘要和程序、资料分离；D 盘创建为应用软件区，根据个人需要划分专区；最后划一个备份分区，一般为方便管理，将备份预留到最后一个区。

3. C 盘不宜太大

目前计算机都配置了大容量硬盘，一般 C 盘是系统盘，硬盘的读写相对频繁，产生错误和磁盘碎片的几率也较大，扫描磁盘和整理碎片是日常工作，而这两项工作的时间与磁盘的容量密切相关。如果 C 盘的容量过大，往往会使这两项工作很慢，从而影响工作效率，现在硬盘的容量越来越大，建议 C 盘容量在 30～50GB 比较合适。

4. 安全性

数据的安全性包括对数据的加密、数据备份与恢复等。Windows 操作系统往往将"我的文档"

等一些个人数据资料都默认放到系统分区中。一旦要格式化系统盘重装系统，而又没有备份资料的话，数据安全就很成问题。因此，建议将需要在系统文件夹和注册表中复制文件和写入数据的程序都安装到系统分区里面，其他的程序都装到非系统分区里。此外，对整个硬盘的分区要合理，明确划出系统区、数据区、数据备份区等多个磁盘分区，每个分区的大小根据用途确定，当数据遭到破坏或丢失时，能够快速、有效地处理。

三、任务实施

（一）准备分区工具

可以用 Windows2000/XP/Server2003/7 系统安装程序在进行系统安装的过程中对硬盘进行分区，或使用 Windows2000/XP/Server2003/7 系统中的磁盘管理工具进行分区；也可以使用 PM（Partition Magic 分区魔术师）、DM（Disk Manager 磁盘管理专家）、FDISK、DiskGenius（磁盘精灵）等分区工具软件进行分区操作。

FDISK 是 DOS 分区命令，是专门为硬盘分区设计的程序，在 Windows98 之前的系统盘上都带有这个程序，现在一般装机工具盘上也带有这个程序。但 FDISK 分区全英文界面，操作起来速度慢，被分区的硬盘数据会全部丢失，属于有损分区。

现在一般采用 DM、PM 等工具进行分区，不仅速度快，而且更安全，PM 属于无损分区，在不破坏硬盘资料的情况下可以灵活调节分区大小。

（二）使用 DM 进行分区

DM（Disk Manager）是一款功能强大且通用的硬盘初始化工具，能对硬盘进行低级格式化、校验等管理工作，可以提高硬盘的使用效率，其最显著的特点就是分区的速度快。现在市场上系统安装工具盘上一般都带有 DM 分区工具。操作方法如下。

（1）启动 DM，进入 DM 主菜单。进入 DM 的目录直接输入"dm"即可进入 DM，开始出现一个欢迎界面，如图 5-4 所示。按任意键可进入主界面。DM 提供了一个自动分区的功能，无须人工干预全部由软件自行完成，选择主菜单中的"（E）asy Disk Instalation"选项即可完成分区工作。自动分区虽然方便，但往往不能按照用户的意愿进行精确分区，因此一般情况下不推荐使用。

图 5-4　进入 DM 运行界面

计算机组装与维护实践教程

在主菜单中，可以选择"（A）dvanced Options（高级选项）"菜单项，按 Enter 键进入二级菜单，如图 5-5 所示。

图 5-5　DM 高级选项菜单

（2）在（A）dvanced Options 中选择"（A）dvanced Disk Installation（高级方式安装硬盘）"选项，如图 5-6 所示。按 Enter 键。

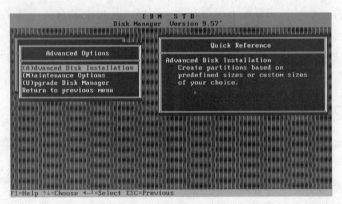

图 5-6　"Advanced Installation"选项

（3）接着会显示硬盘的列表，选择要分区的硬盘并选择"YES"，如图 5-7 所示，直接按 Enter键即可。如果有多个硬盘，程序会让用户选择需要对哪个硬盘进行分区的工作。

图 5-7　硬盘列表中选择硬盘

（4）分区格式的选择。要求用户选择硬盘分区的格式，如图 5-8 所示。一般来说我们选择 FAT32 的分区格式，选第二项。

图 5-8　选择分区格式

接下来是一个确认是否使用 FAT32 的窗口，如图 5-9 所示。选择"YES"后按 Enter 键。

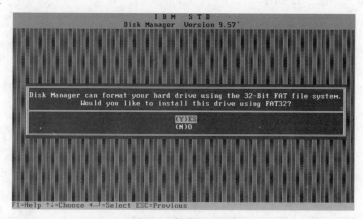

图 5-9　确认分区格式

（5）选择分区方式。DM 提供了几种预置好的分区方式，如果要按照自己的意愿进行分区，可选择"OPTION（C）Define your own"选项，如图 5-10 所示。

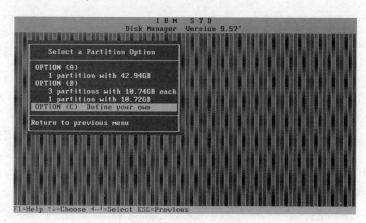

图 5-10　选择分区方式

（6）设置分区大小。首先显示整个硬盘的大小，然后就会让用户输入分区的大小，如图 5-11 所示。

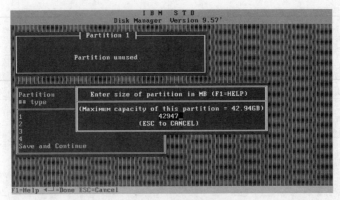

图 5-11　指定硬盘分区大小

首先输入主分区的大小，然后输入其他分区的大小。这个工作是不间断进行的，直到硬盘所有的容量都被划分，如图 5-12 所示。

图 5-12　选择分区大小

完成分区数值的设定，会显示详细的分区结果，如图 5-13 所示。此时如果对分区不满意，还可以通过下面一些提示的按键进行调整。例如，按"DEL"键删除分区，按"N"键建立新的分区。

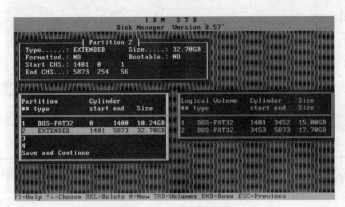

图 5-13　详细的分区信息

（7）保存分区设置。设定完成后要选择"Save and Continue"选项保存设置的结果，如图 5-14 所示。此时会弹出提示窗口，需要再次确认设置，如果确定，按"Alt＋C"组合键继续，否则按任意键返回到主菜单。

图 5-14　保存分区设置

（三）使用 PQ 进行分区

PQ（Norton Partition Magic）是目前硬盘分区管理工具中最好的，一般专业人员都采用这种工具快速分区。其最大特点是允许在不损失硬盘中原有数据的前提下对硬盘进行重新设置分区、分区格式化以及复制、移动、格式转换和更改硬盘分区大小、隐藏硬盘分区以及多操作系统启动设置等操作。该工具在一般的维护工具盘上都有。

（1）设置 BIOS 中启动引导盘为光盘启动。一台新的计算机，磁盘上是没有分区的，需要建立分区，才可以安装操作系统。

以下以 40GB 硬盘为例，将其分 3 个区：C 盘为 10GB，D 盘为 15GB，E 盘为余下部分。用萝卜家园 GhostXP 光盘启动后进入图 5-15 所示的界面。

选择"运行 PQ 8.05 分区魔术师"选项后按 Enter 键，启动 PQ，如图 5-16 所示。

图 5-15　Ghost XP 装机工具引导界面

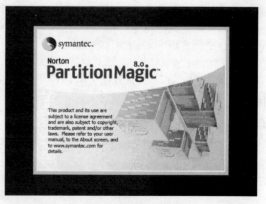

图 5-16　运行 PQ

（2）创建主分区。启动后的 PQ 主界面如图 5-17 所示。在 PQ 主界面中，选择"作业"—"建立"菜单项，如图 5-18 所示，弹出建立硬盘分区对话框。

图 5-17　PQ 主界面

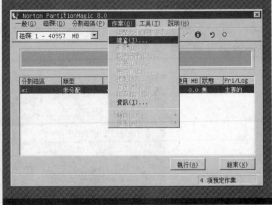

图 5-18　选择"作业"-"建立"菜单项

在对话框中，创建 C 盘，在"创建为"下拉列表框中选择"主要分区"；选择硬盘分区的文件系统格式，建议选择 NTFS 类型；输入 C 分区大小为 10242MB，如图 5-19 所示。单击"确定"按钮。

（3）创建逻辑分区。主分区创建完后，接下来创建逻辑分区。选中界面下方中的未分配空间，选择"作业"—"建立"菜单项，如图 5-20 所示。

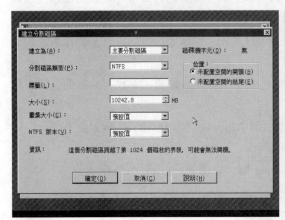

图 5-19　设置主分区参数

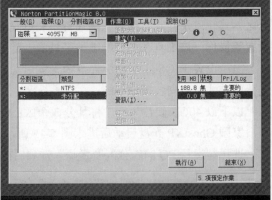

图 5-20　建立逻辑分区

在弹出的"建立硬盘分区"对话框中，选择建立"逻辑分区"，如图 5-21 所示。选择硬盘分区的文件系统格式，建议选择 NTFS 类型；在分区大小中输入"15000MB"，单击"确定"按钮，创建 D 分区。

（4）在未分配空间中继续创建逻辑分区 E。选中界面下方的"未分配"空间，如图 5-22 所示。选择"作业"—"创建分区"菜单项，弹出建立硬盘分区的对话框。

在对话框中，继续选择建立"逻辑分区"；选择硬盘分区的文件系统格式，建议为 NTFS 类型；在分区大小中指定为全部剩余空间，如图 5-23 所示。单击"确定"按钮，即创建 E 分区。

（5）执行任务。上述分区设定完成后，只是完成了逻辑上设定的操作步骤，需要选择"执行"按钮后才开始物理上真正的分区，如图 5-24 所示。

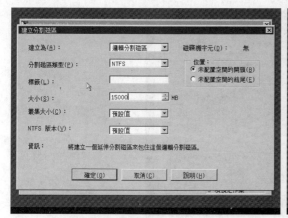

图 5-21　设置逻辑分区 D 参数

图 5-22　建立逻辑分区后界面

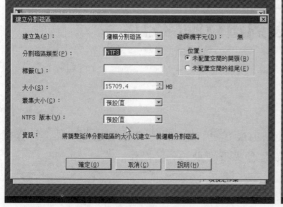

图 5-23　设置逻辑分区 E 参数

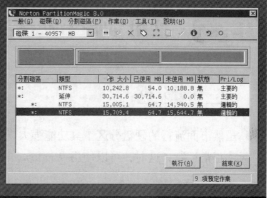

图 5-24　分区逻辑设定结束后的界面

　　单击"执行"按钮后，弹出图 5-25 所示的对话框，选择按钮"是"，即开始真正的分区操作，执行分区的进度如图 5-26 所示。分区操作全部结束后，弹出图 5-27 所示的对话框，单击"确定"按钮即可。

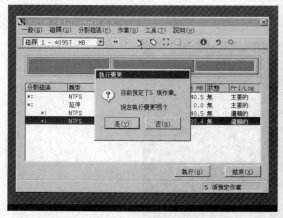

图 5-25　确认执行分区

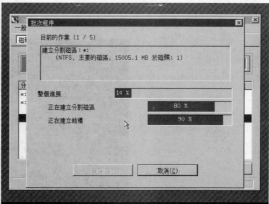

图 5-26　执行分区

图 5-27　完成分区

任务二　使用 Windows 安装盘进行硬盘分区

一、任务分析

虽然市面流行的硬盘分区工具功能强大，使用也很方便，但如果手头没有这些工具，计算机又无法正常运行，这时，可以使用 Windows 的安装盘进行硬盘的分区操作。

二、任务实施

（1）修改 BIOS 参数，设置光盘为第一启动。开机按 DEL 键，进入 BIOS，设置第一启动设备为 CD-ROM，然后插入 Windows XP 安装光盘。重新启动计算机，计算机将从光驱引导，屏幕上显示"Press any key to boot from CD……"，按任意键从光驱启动（这个界面停留时间较短，应及时按键），系统从光盘启动后，安装程序将检测计算机的硬件配置，直到出现如图 5-28 所示的界面，按 Enter 键进入下一步。

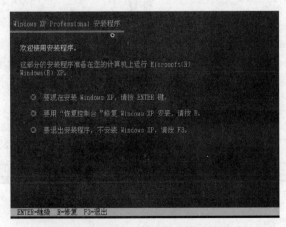

图 5-28　Windows XP 安装程序欢迎界面

安装程序会自动复制文件，如图 5-29 所示。

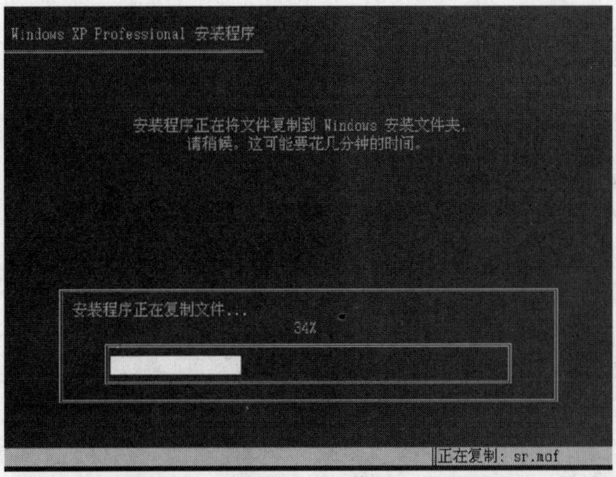

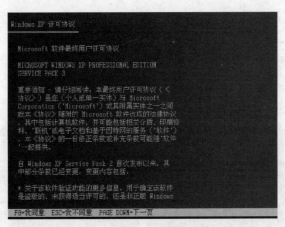

图 5-29　Windows XP 正在复制文件

（2）安装程序复制文件后，弹出 Windows XP 许可协议窗口，如图 5-30 所示。按 F8 键，接受许可协议进行下一步。

图 5-30　Windows XP 许可协议

（3）如果以前硬盘没有被分区，就会显示出系统当前硬盘总容量，如图 5-31 所示。

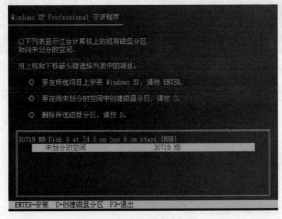

图 5-31　硬盘总容量

（4）接着创建磁盘分区，按 C 键打开图 5-32 所示的界面。高亮度显示的数字是硬盘的总容量，可以先删除这个数字，在里面输入第一个分区（C 盘）的容量大小，如图 5-33 所示。然后按 Enter 键确认，按 Esc 键可以取消此操作。

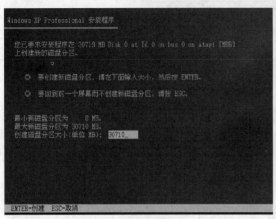

图 5-32　设置分区容量界面　　　　　　　　　图 5-33　设置 C 分区大小

此时系统会返回到图 5-34 所示的界面，显示出已创建分区的大小、盘符及未划分空间大小，将光标移动条移到"未划分的空间"选项上，按 C 键继续创建分区，直至分区完毕。注意用 Windows XP 系统盘分区最后出现 8MB 的未分配空间是留着转换动态磁盘用的，如用其他工具分区不会出现这种情况。

分区完毕后的界面如图 5-35 所示。

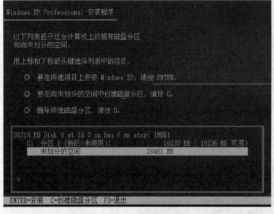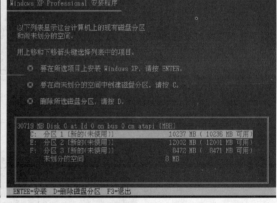

图 5-34　未划分的空间　　　　　　　　　　　图 5-35　分区完毕后的界面

（5）删除原来的分区。如果我们对原来的分区不是很满意，也可以删除原来的分区。在图 5-36 所示的界面上，将光标移动到想要删除的分区，按 D 键，打开图 5-37 所示的界面，按 L 键，分区就被删除了。

删除分区 3 的效果如图 5-38 所示。

（6）分区完成后，将光标移动到 C 区上，按 Enter 键，开始格式化所选的分区，如图 5-39 所示。格式化完成后开始安装操作系统。

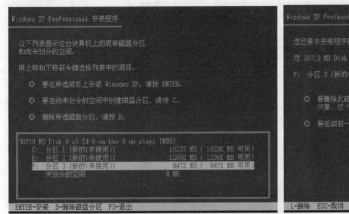

图 5-36　光标移到拟删除的分区

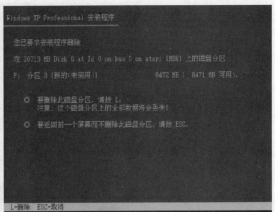

图 5-37　删除分区界面

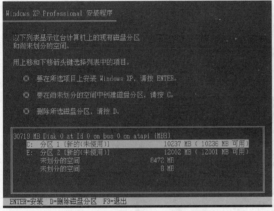

图 5-38　删除分区 3 后的界面

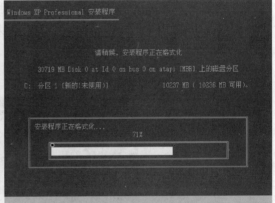

图 5-39　开始格式化分区

任务三　调整硬盘分区

一、任务分析

前面两个任务中介绍的分区操作，主要针对新硬盘未进行过分区的情况。不管是创建新的分区，还是删除已有的分区，都会造成硬盘上数据的损坏与丢失。如果我们对已有的各分区容量不满意，可以使用工具（如 PQ）进行调整，这种调整是在不损坏数据的前提下，调整所需要的硬盘分区大小。

本次任务通过 PQ 工具，从 C 盘划分 1GB 空间给 D 盘，实现分区大小调整。

二、任务实施

（1）使用萝卜家园 GHOSTXP，用光盘启动后打开图 5-40 所示的界面，选择"运行 PQ 8.05 分区魔术师"选项。

图 5-40   Ghost XP 装机工具引导界面

（2）启动 PQ 后，选择 C 区，选择"作业"—"调整大小/移动"选项。当前 C 区容量为 10242.8MB，已使用 1068.7MB，未使用 9174.1MB；D 盘容量为 15005.1MB、E 区容量为 15709.4MB，如图 5-41 所示。现将 C 区中未使用的空间中划出 1GB 给 D 区，E 区容量不变。选中 C 区，选择"作业"—"调整大小/移动"，如图 5-42 所示。

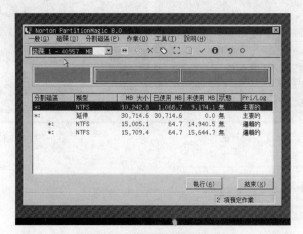

图 5-41   分区调整前的界面

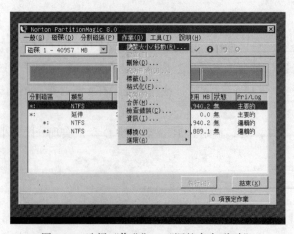

图 5-42   选择"作业"—"调整大小/移动"

（3）在图 5-43 所示的界面中，深紫红色表示已经存放数据的区域，浅紫红色表示未使用区域，黑色表示空闲区域。最小容量就是深紫红色区域，新分区必须能容纳这个区域。最大容量是该分区和它周围的所有黑色区域的大小，是新分区最大的容量。可以拖动浅紫红色区域右侧的箭头滑块调整大小，这样就能调整 C 区的大小。我们把 C 区的空间分给 D 区，实际操作时只是将 C 区浅紫红色区域划部分给 D 区。移动右侧滑块释放 1GB 空间成为灰色自由空间。

C 区释放 1025MB 的空间为灰色，新的大小为 9217.8MB，如图 5-44 所示。单击"确定"按钮，使其成为自由空间，如图 5-45 所示。

（4）选择扩展分区中的 D 区，单击右键，弹出快捷菜单，选择"调整大小/移动"选项，如图 5-46 所示。

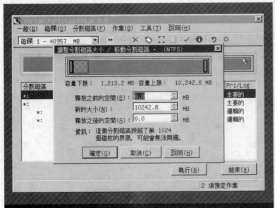

图 5-43　调整分区界面

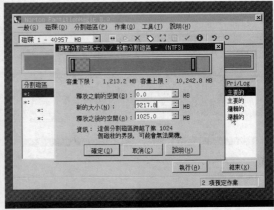

图 5-44　C 区中划出 1GB

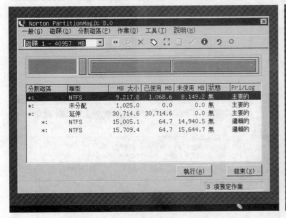

图 5-45　灰色块为自由空间

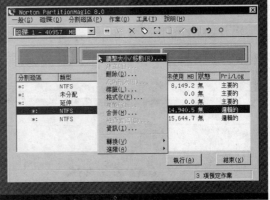

图 5-46　调整分区大小

（5）拖动该区域左侧的箭头滑块，拖到最左边，原来灰色区域的 1GB 自由空间划到了 D 区，D 区由原来的 15005.1MB 调整到 16030.1MB。调整前后的 D 区大小如图 5-47 和图 5-48 所示。

完成了逻辑上的操作步骤，如图 5-49 所示。

（6）单击"执行"按钮后，开始进行物理上的磁盘区域移动，如图 5-50 所示。

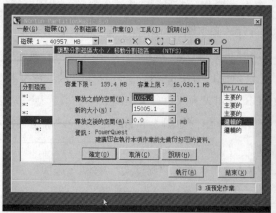

图 5-47　调整和移动分区

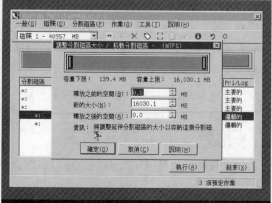

图 5-48　调整后的 D 区增加了 1GB 空间

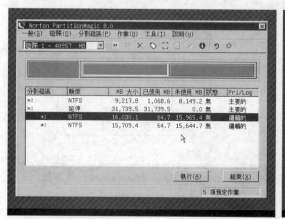

图 5-49　分区调整后的界面

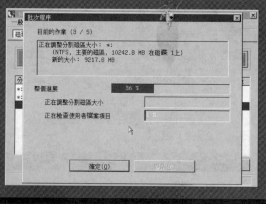

图 5-50　正在分割分区

分区调整的进度情况如图 5-51 所示。

分区调整完成后，弹出图 5-52 所示的界面。

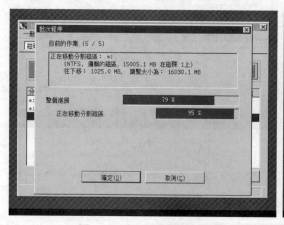

图 5-51　分区调整进度

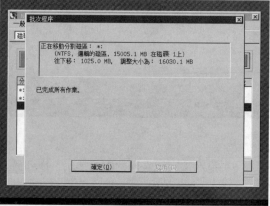

图 5-52　调整分区完成

单击"确定"按钮。到此为止，在不损坏硬盘原有数据的前提下完成了 C 区 1GB 的空间调整到 D 区的操作。分区完成后的界面如图 5-53 所示。

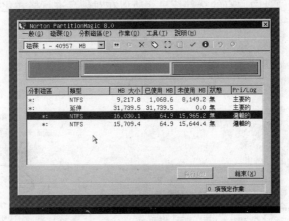

图 5-53　分区完成后的界面

以上是两个相邻分区容量的调整，如果是不相邻的两个分区呢？比如从 C 区划分 1GB 空间给 E 区。操作步骤为：首先执行上一步操作，将 C 区的 1GB 空间划分给 D 区，再调整 D 区空间大小，将 D 区的 1GB 空间划分给 E 区，再调整 E 区的容量。也就是将 1GB 的自由空间右移，最终将 E 区增加了 1GB 空间。

任务四　格式化分区

一、任务分析

硬盘必须经过低级格式化、分区、高级格式化 3 个步骤处理后才能安全地存储数据。通过任务二，我们已经在硬盘上划分了分区，本任务的目的就是对建立的分区进行格式化。

二、相关知识

硬盘格式化包括两种类型：一种为低级格式化，也称物理格式化。另一种为高级格式化，又称逻辑格式化，我们平时所用的在 Windows 或在 DOS 下进行的格式化都是高级格式化。

低级格式化就是将空白的磁盘划分出柱面和磁道，再将磁道划分为若干个扇区，每个扇区又划分出标识部分 ID、间隔区 GAP 和数据区 DATA 等。柱面与磁道如图 5-54 所示，磁道、扇区与簇如图 5-55 所示。低级格式化是高级格式化之前所要做的一件工作，低级格式化是一种损耗性的操作，对硬盘寿命有一定的负面影响。每块硬盘在出厂时，已由硬盘生产商进行过低级格式化，因此通常使用者无需再进行低级格式化操作。

硬盘通过低级格式化建立了分区后，使用前必须对每一个分区进行高级格式化，格式化后的硬盘才能使用。

高级格式化的主要作用有两点：一是装入操作系统，使硬盘兼有系统启动盘的作用；二是对指定的硬盘分区进行初始化，建立文件分配表以便系统按指定的格式存储文件。硬盘高级格式化即可以通过工具来完成，也可以通过格式化命令完成，如 DOS 下的 FORMAT 命令。需要注意的是：格式化操作会清除硬盘中原有的全部信息，所以在对硬盘进行格式化操作之前一定要做好备份工作。

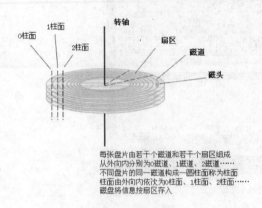

图 5-54　柱面与磁道

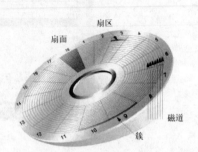

图 5-55　磁盘上的磁道、扇区和簇

三、任务实施

（一）使用 DM 格式化分区

使用 DM 分区和格式化其实是个连续操作的过程，为了深刻理解分区与格式化，将其分开进行介绍。

1. 选择快速格式化

使用 DM 分区结束后，弹出图 5-56 所示的提示对话框，询问是否进行快速格式化，除非硬盘有问题，建议选择"（Y）ES"。

图 5-56　选择是否快速格式化

2. 使用默认簇

然后会再次弹出一个提示对话框，询问分区是否按照默认的簇进行，选择"（Y）ES"，如图 5-57 所示。

图 5-57 使用默认簇

3. 确认格式化

最后弹出的是确认对话框, 如图 5-58 所示。这是取消格式化的最后机会。选择 "YES" 后按 Enter 键, 即可开始格式化分区的工作。

图 5-58 确认格式化

4. 正在格式化

此时 DM 就开始格式化分区的工作, 可以快速完成, 如图 5-59 所示。

图 5-59 正在格式化

完成格式化分区工作会弹出一个提示对话框, 如图 5-60 所示。按任意键继续。

图 5-60　提示分区格式化成功

5. 重新启动

格式化结束后，出现重新启动的提示，如图 5-61 所示。采用热启动方式，按 Ctrl+Alt+Del 组合键或按主机上的"RESET"按钮进行重新启动。

图 5-61　提示重新启动

至此便完成了硬盘分区和格式化工作，之后就可以在硬盘上安装操作系统了。

（二）使用 PQ 格式化分区

使用 PQ 格式化分区的具体操作方法如下。

（1）在 PQ 工具"作业"菜单中选择"格式化"选项，如图 5-62 所示。

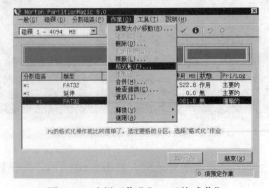

图 5-62　选择"作业"—"格式化"

（2）在"格式化分区"对话框中，指定格式化文件类型，如 FAT32 或 NTFS，如图 5-63 所示。

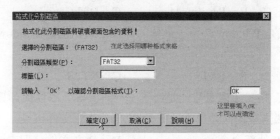

图 5-63　选择分区文件系统格式

（3）单击"确定"按钮完成格式化操作。

（三）在 Windows 中格式化分区

创建好分区后，还可以直接在 Windows 中进行格式化操作。

（1）在要进行格式化操作的分区上右键单击，选择"格式化"菜单项，如图 5-64 所示。

（2）弹出图 5-65 所示的"格式化 本地磁盘"对话框，在"文件系统"下拉列表框中选择要格式化的文件系统类型，如 NTFS、FAT32 等，单击"开始"按钮即可进行格式化操作。

> 说明：如果选中对话框中的"快速格式化"选项，将会在格式化操作过程中进行重写引导记录、根目录表清空等操作，但不检测磁盘坏簇，因而格式化速度更快。

图 5-64　选择"格式化"菜单项

图 5-65　"格式化 本地磁盘"对话框

课后习题

一、选择题

1. 不属于硬盘分区工具的是（　　）

  A．Fdisk   B．DM

  C．PartitionMagic   D．Format

2．下面（　　　）分区软件可以在不损害硬盘数据的情况下，对硬盘进行分区。

    A．Fdisk　　　　　　　　B．PartitionMagic　　C．DiskGenius　　　　　D．DM

3．（　　　）分区格式是 Windows7 系统最佳的分区格式，也是 Windows98 所不能分辨的分区格式。

    A．FAT16　　　　　　　B．FAT32　　　　　　C．NTFS

4．在个人计算机中，格式化磁盘目的是为了（　　　）等，以便使计算机正确地接收数据。

    A．检查损坏的磁道或扇区　　　　　　　　B．建立文件目录

    C．装入 MS-DOS 外部命令　　　　　　　　D．建立文件分配表

5．以下不是文件系统类型的选项是（　　　）

    A．FAT　　　　　　　　B．DOS　　　　　　　C．FAT32　　　　　　　D．NTFS

二、填空题

1．在一个硬盘中，最多允许有＿＿＿＿＿个活动的主分区。

2．Windows XP 常用的分区格式有＿＿＿＿＿、＿＿＿＿＿两种，其中＿＿＿＿＿分区格式 Windows 98 是不能分辨的。

3．分区分为＿＿＿＿＿、扩展分区和逻辑分区 3 种，一台计算机可以没有扩展分区和逻辑分区，但必须要有一个＿＿＿＿＿。

4．创建分区的步骤应该先创建＿＿＿＿＿、再创建＿＿＿＿＿和＿＿＿＿＿；删除分区的步骤应依次删除＿＿＿＿＿、＿＿＿＿＿和＿＿＿＿＿。

三、简答题

1．给硬盘分区常用的软件有哪些？

2．NTFS 分区格式与 FAT 分区格式相比，具有哪些优点？

3．格式化磁盘时应注意哪些事项？

4．硬盘分区划分的原则是什么？

5．硬盘格式化方式有哪几种？

四、实训题

1．使用 PQ 工具软件对硬盘进行分区操作。

2．使用 PQ 工具软件对硬盘分区进行调整。

3．在 Windows 操作系统中对 D 区进行格式化。

第6章

安装操作系统与驱动程序

操作系统的功能包括管理计算机系统的硬件、软件及数据资源；控制程序运行；改善人机界面；为其他应用软件提供支持等，使计算机系统所有资源最大限度地发挥作用，为用户提供方便的、有效的、友善的服务界面。

在安装其他应用软件之前，应首先安装操作系统。

任务一 安装操作系统

一、任务分析

掌握常用操作系统对硬件的配置要求，能正确安装某一版本的操作系统。

二、相关知识

（一）操作系统的安装环境

在对硬盘分区格式化后，就可以开始安装操作系统，操作系统的版本有很多，用户可以根据自己的需要进行选择。无论是安装 Windows XP 还是 Windows 7，它们对硬件都是有一定要求的，计算机的配置必须达到或高于这个配置要求才能顺利安装，否则，可能会引起无法安装、无法运行或运行速度很慢等问题。

1．Windows XP 的配置要求

Windows XP 最低硬件配置要求如表 6-1 所示。要想充分发挥 Windows XP 的性能，仅达到这些配置是远远不够的。

Windows XP 理想硬件配置要求如表 6-2 所示。对于现在的用户来说并不高,这个理想配置对不同的人来说定义是不一样的,这里仅指流畅运行并使用 Windows XP 的所有功能。

表 6-1   Windows XP 最低配置要求

硬　件	官方最低配置	实际使用最低配置
CPU	Intel MMX 233MHz	Intel PIII 500MHz
内存	128MB	256MB
硬盘	1.5GB	4GB
显卡	4MB 显存以上的 PCI、AGP 显卡	4MB 以上的 PCI 或 AGP 显卡
CD-ROM	8×以上 CD-ROM	8×以上 CD-ROM

表 6-2   Windows XP 理想配置要求

硬　件	配　置
CPU	Intel PIII 1GHz 或者 P4
内存	512MB 以上 DDR2
硬盘	20GB 以上
显卡	4MB 显存以上的 PCI、AGP 显卡
CD-ROM	16×以上 CD-ROM

2. Windows 7 的配置要求

Windows 7 的最低硬件配置要求如表 6-3 所示。要想充分发挥 Windows 7 的性能,仅达到这些配置也是不够的。若要使用某些特定功能,还需要提升机器配置或附加硬件。

表 6-3   Windows7 最低配置要求

硬　件	描　述
CPU	1GHz 32bit 或 64bit 处理器
内存	1GB 内存(基于 32bit)或 2GB 内存(基于 64bit)
硬盘	16GB 可用硬盘空间(基于 32bit)或 20GB 可用硬盘空间(基于 64bit)
显示器	要求分辨率在 1024 像素×768 像素及以上(低于该分辨率则无法正常显示部分功能)
显卡	支持 DirectX 9 128MB 及以上(开启 AERO 效果)
光驱	DVD-ROM

(二)操作系统的安装方式

Windows 操作系统是基于图形界面的,安装过程较为直观、简单,Windows 的官方安装方法习惯地被人们称为"标准安装"。Windows XP 系统目前在用户中仍然广泛使用,本任务就以安装 Windows XP 系统为例介绍操作系统的安装方法。

一般来说,Windows XP 的安装方式可以大致分为 3 种:升级安装、全新安装和多系统共存安装。

1. 升级安装

当用户需要以覆盖原有操作系统的方式进行升级安装时,可以在原有的 Windows 98/Me/2000 这些操作系统下,直接将 Windows XP 标准版安装光盘放入光驱即可启动 Windows 的安装程序,顺利地升级到 Windows XP 版本。

2．全新安装

在没有任何操作系统的情况下安装 Windows XP 操作系统。第一种方法将系统安装光盘放入光驱并设置 BIOS 从光驱启动引导安装，直接进行全新安装。第二种方法利用 Ghost 直接还原安装，通过 Ghost 安装系统的原理是将以前安装好的系统做成镜像文件保存在资料盘上，一旦系统出现故障或需要重装系统时，通过 Ghost 软件直接将镜像文件快速还原到系统分区，一般常用这种方法快速安装操作系统。

3．多系统共存安装

当用户需要以双系统共存的方式进行安装，即保留原有操作系统时，可以将 Windows XP 操作系统安装到一个独立的分区中，安装时不覆盖原有操作系统。新安装的 Windows XP 操作系统与机器原有的系统相互独立，互不干扰。双系统共存安装完后，会自动生成开机启动时的系统选择菜单。需要注意的是，双系统安装时按照先装低版本操作系统后装高版本操作系统的顺序进行安装。

三、任务实施

（一）安装 Windows XP 操作系统

（1）在 BIOS 中设置光盘启动计算机，如图 6-1 所示。在"Boot"菜单项中，选择"CD-ROM Drive"选项。然后将 Windows XP 光盘放入光驱。

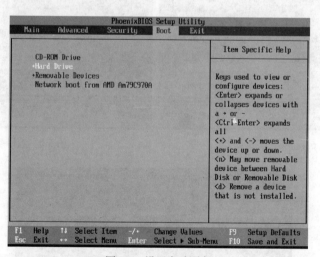

图 6-1　设置启动顺序

（2）计算机启动后，自动进入安装界面。安装程序首先进行相关硬件的检测，并将安装所需的文件加载到内存中，这个过程不用操作，耐心等待即可。

（3）进入欢迎使用安装程序界面，如图 6-2 所示。直接按 Enter 键。

（4）阅读安装许可协议，如图 6-3 所示。按 F8 键同意安装进入下一步，出现提示让用户选择安装分区。

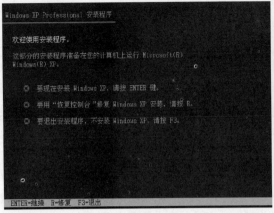

图 6-2 选择安装操作

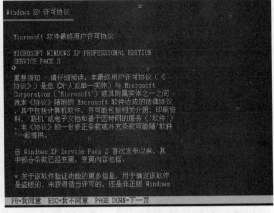

图 6-3 Windows XP 许可协议

如果硬盘未分区，界面如图 6-4 所示。按照第 5 章任务二中介绍的使用 Windows 安装盘进行硬盘分区的方法进行分区操作。

如果已分区，界面如图 6-5 所示。默认将系统安装在 C 分区，可以使用上下光标键选择 Windows XP 将要使用的分区，选定后按 Enter 键。

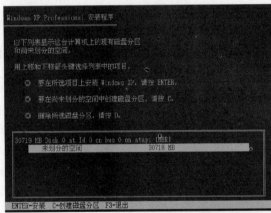

图 6-4 未分区

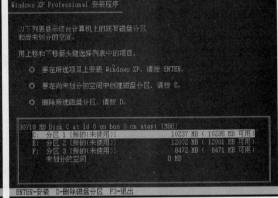

图 6-5 选择系统分区

图 6-6 选择格式化方式

（5）选定或创建好分区后，还需要对磁盘进行格式化。可使用 FAT（FAT32）或 NTFS 文件系统来对磁盘进行格式化，建议使用 NTFS 文件系统。NTFS 是一个基于安全性的文件系统，在 NTFS 文件系统中可对文件进行加密、压缩，并能设置共享的权限。它使用了比 FAT32 更小的簇，从而可以比 FAT 文件系统更为有效地管理磁盘空间，从而最大限度地避免了磁盘空间的浪费，并且它所能支持的磁盘空间高达 2TB（2047GB）。

在这里使用上移和下移箭头键进行选择，选择好后按 Enter 键即可开始格式化，如图 6-7 所示。

（6）格式化完成后，安装程序即开始从光盘中向硬盘复制安装文件，如图 6-8 所示。复制完成后系统会自动重新启动，如图 6-9 所示。

（7）自动重启计算机后，系统将自动进入下一个安装阶段。接下来的安装过程非常简单，在安装界面左侧显示了安装的几个步骤，如图 6-10 所示。

整个安装过程基本上是自动进行的，需要人工操作的地方不多。

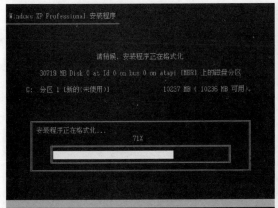

图 6-7　正在格式化

图 6-8　正在复制安装文件

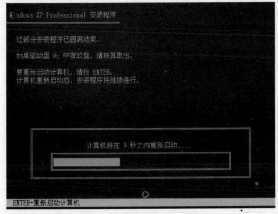

图 6-9　安装结束等待重启

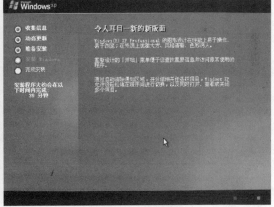

图 6-10　开始安装

（8）在安装过程中，会打开"设置区域和语言选项"对话框，如图 6-11 所示。可使用默认设置，单击"下一步"按钮后，接下来会打开"自定义软件"对话框，如图 6-12 所示。输入姓名和单位名称。

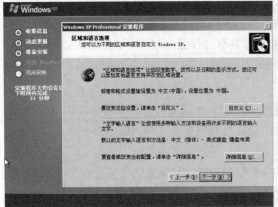

图 6-11　设置区域和语言

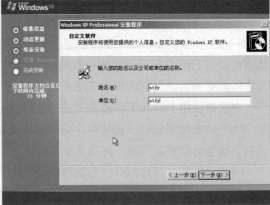

图 6-12　设置姓名和单位名称

（9）单击"下一步"按钮，打开图 6-13 所示的对话框，要求用户填入一个 25 位的产品密钥，这个密钥一般会附带在软件的光盘或说明书中，据实填写就可以了。

（10）在图 6-14 所示的"计算机名和系统管理员密码"对话框中，填入计算机名和系统管理员密码。修改计算机名，可以便于记忆和管理该计算机，也方便其他用户通过网络访问该计算机。用户需记住这个系统管理员密码，否则将无法使用操作系统。

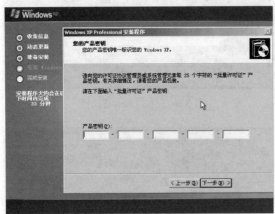

图 6-13　输入产品密钥

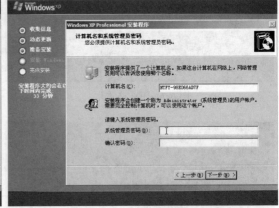

图 6-14　输入管理员密码

（11）输入完系统管理员密码等信息后，单击"下一步"按钮，接下来要求设置日期和时间，直接单击"下一步"按钮。

（12）以上操作完成后，打开图 6-15 所示的对话框，用来对网络进行设置。在对话框中选中"典型设置"单选按钮，单击"下一步"按钮。

（13）选择并设置相应的工作组或计算机域，如图 6-16 所示。通常选择第一个选项，然后单击"下一步"按钮。

（14）安装信息设置完成后，安装程序会继续安装，其间可能会有几次短暂的黑屏，不过不用担心，这是正常现象。安装完成后会自动重启，须耐心等待。

（15）这次重启后就是真正运行 Windows XP 了，设置自动更新，在"帮助保护你的电脑"界面选中"现在通过启用自动更新帮助保护我的电脑"单选按钮，单击"下一步"按钮。

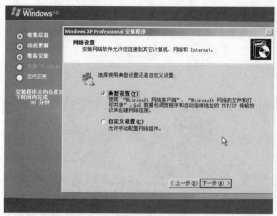

图 6-15　网络设置

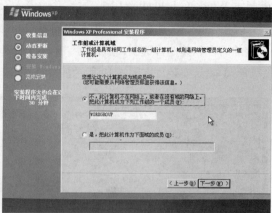

图 6-16　工作组或计算机域设置

（16）接下来进入新的界面，设置 Internet 连接，选中"是，此电脑通过本地网络或家庭网络来连接"单选按钮，再单击"下一步"按钮。

（17）出现"是否注册界面"，选择"否"暂时不注册，单击"下一步"按钮。

（18）设置用户账户。可以设置至少 1 个，最多 5 个的用户，这些用户可以使用本计算机，如图 6-17 所示。Windows XP 至少需要设置一个用户账户，在文本框中输入用户名称就可以了，且中文英文均可，输入完成后单击"下一步"按钮。

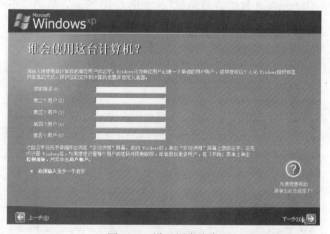

图 6-17　设置用户账户

至于其他步骤都不是必须的，可在启动之后再做，可以单击右下角的"下一步"按钮跳过去。当一切完成后，就可以看到 Windows XP"蓝天白云"的桌面了。

（二）安装 Windows 7 操作系统

Windows 7 操作系统的安装方法如下。

（1）将 Windows 7 操作系统光盘插入光驱，开启计算机电源，在自检画面时，按 Del 键进入 BIOS 设置光盘优先启动，有的计算机可以按 F12 进行选择启动方式，在弹出的选择启动菜单中，选择 CD/DVD 启动选项，按 Enter 键。计算机开始读取光盘数据，等待显示 Starting Windows，接着显示 Windows is loading files...后，开始进入安装界面。

（2）Windows 加载文件过程大约需要 1 分钟，加载完成后，出现图 6-18 所示的界面，选择要安装的语言和其他首选项，默认为"中文（简体）"，单击"下一步"按钮。

（3）确认安装，在图 6-19 所示的界面中，单击"现在安装"选项。

图 6-18　选择安装的语言版本

图 6-19　现在安装界面

需要注意的是，在对话框左下角有一个"修复计算机"的选项，当已安装的 Windows 7 操作系统出现故障（如系统文件丢失等）时，可以通过此选项进行修复。

（4）阅读并接受"Microsoft 软件许可条款"，如图 6-20 所示。单击"下一步"按钮。

图 6-20　Microsoft 软件许可条款

（5）在图 6-21 所示的界面中，选择安装模式。如果全新安装，选择"自定义（高级）"选项；如果是升级安装，选择"升级"选项。选择"自定义（高级）"选项并单击"下一步"按钮。

（6）选择安装操作系统的硬盘分区，如图 6-22 所示。单击"驱动器选项（高级）"选项，可以对磁盘进行更多的操作，如删除分区、格式化分区等。

（7）准备将 Windows 7 操作系统安装在 C 盘时，由于是全新安装不想 C 盘下有其他的文件，因此可以选择"分区 1"后，再单击"格式化"图标，如图 6-23 所示。格式化完成后，单击"下一步"按钮。

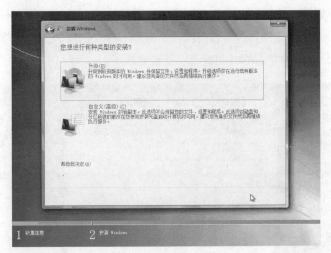

图 6-21　选择安装模式

图 6-22　选择操作系统安装分区

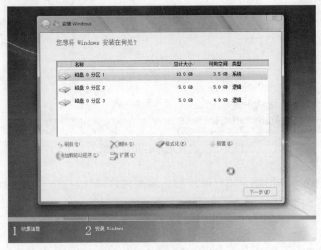

图 6-23　选择格式化 C 区

（8）开始安装 Windows 7 系统，进入安装过程，开始复制 Windows 文件、展开 Windows 文件、安装功能、安装更新，最后完成安装，如图 6-24 所示。期间系统可能会有几次重启，但所有的过程都是自动的，并不需要用户进行任何操作。Windows 7 的安装速度非常快，通常一台主流配置的计算机只需要 20 分钟左右的时间就能够安装完成了。

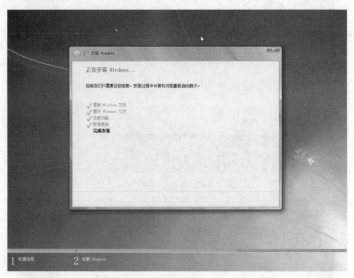

图 6-24　正在安装界面

（9）对即将安装完成的 Windows 7 进行基本设置，首先系统会要求指定一个用户名，同时设置计算机名称，如图 6-25 所示。完成后单击"下一步"按钮。

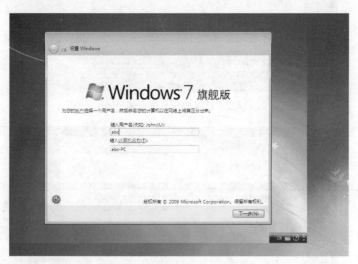

图 6-25　设置用户名和计算机名

（10）为提高安全性，在创建了用户账号后，需要为该账号设置一个密码，如图 6-26 所示。两次输入密码后单击"下一步"按钮。也可以不输入密码而直接单击"下一步"按钮，这样密码即为空。

（11）输入 Windows 7 的产品序列号，如图 6-27 所示。取消选中"当我联机时自动激活

Windows"复选框，可以在稍后进入系统后再激活。单击"下一步"按钮。

（12）选择设置 Windows，有三个选项"使用推荐设置"、"仅安装重要的更新"和"以后询问我"，建议选择"使用推荐设置"来保证 Windows 系统的安全，如图 6-28 所示。

（13）设置时区、日期和时间，完成后单击"下一步"按钮继续。

（14）上述步骤设置完后，就可以进入 Windows 7 操作系统了，如图 6-29 所示。

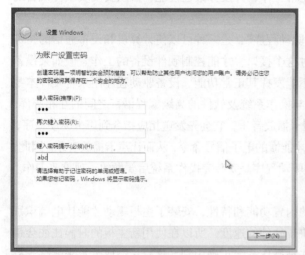

图 6-26　设置密码

图 6-27　输入产品密钥

图 6-28　选择设置 Windows

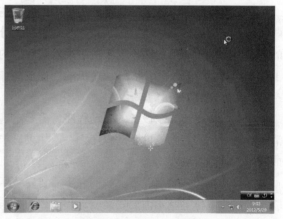

图 6-29　Windows 7 桌面

任务二　安装驱动程序

一、任务分析

掌握常用驱动程序的获取方法，能正确安装常用的硬件驱动程序。

二、相关知识

（一）驱动程序的作用

在安装操作系统后，为保证各硬件都能正常工作，并发挥最佳性能，必须要安装硬件设备的驱动程序。

驱动程序（Device Driver）全称为"设备驱动程序"，是一种可以使计算机和设备通信的特殊程序。相当于硬件的接口，操作系统只能通过这个接口，才能控制硬件设备的工作。假如某设备的驱动程序未能正确安装，这个硬件设备就不能发挥其正常功能。设备驱动程序用来将硬件本身的功能告诉操作系统，完成硬件设备电子信号与操作系统及软件的高级编程语言之间的互相翻译。当操作系统需要使用某个硬件时。例如，让声卡播放音乐，它会先发送相应指令到声卡驱动程序，声卡驱动程序接收到后，马上将其翻译成声卡才能懂的电子信号命令，从而让声卡播放音乐。因此，驱动程序是硬件和系统工作的桥梁，正确安装驱动程序是安装完操作系统后要做的一项重要工作。

1. 主板驱动的作用

主板驱动程序主要用于开启主板芯片组的内置功能和特性，安装了主板驱动才能让电脑识别硬件。目前，由于硬件更新换代的速度远远快于软件的速度，所以在使用新主板的时候往往会带来一系列的兼容问题。如很多主板芯片组无法被操作系统正确识别，这直接造成了本来能够支持的新技术不能正常使用以及兼容性问题大量出现。

在这种情况下，各大芯片厂商提供了相关的主板驱动程序，以配合操作系统使用。其作用有两点：一是让操作系统正确识别新款芯片组以充分应用；二是让操作系统支持新款芯片组所支持的新技术。主板驱动程序不仅解决了硬件与软件的兼容性问题，同时在一定程度上对系统整体或子系统的性能进行了优化。一块主板的性能发挥如何，与它的驱动程序完善程度有极大关系。

2. 显卡驱动程序的作用

显卡驱动是指显示设备的驱动程序，需要正确安装显卡驱动程序，显示器屏幕显示的画面才清晰，是必须安装的硬件驱动程序之一。如果显卡驱动未正确安装，某些应用软件可能无法安装或使用。

不过，在大多数情况下，我们并不需要安装所有硬件设备的驱动程序，如硬盘、显示器、光驱、键盘、鼠标等就不需要安装驱动程序，而显卡、声卡、网卡、扫描仪、摄像头、调制解调器等就需要安装驱动程序。另外，不同版本的操作系统对硬件设备的支持也是不同的，一般情况下版本越高所支持的硬件设备也越多，如使用 Windows XP 或 Windows 7，装好系统后大部分设备的驱动程序不用单独安装就可以使用了。

在 Windows 操作系统中，驱动程序一般由 ".dll"、".drv"、".vxd"、".sys"、".exe"、".386"、".ini"、".inf"、".cpl" 等扩展名的文件组成。大部分驱动文件都存放在 WINDOWS\system 或 WINDOWS\system32\drivers 路径下。

（二）驱动程序的安装顺序

一般来说，在操作系统安装完成之后，接下来就要安装驱动程序，用户在安装的过程中应按以下顺序进行操作。

第一步：安装主板芯片组（Chipset）驱动程序。

第二步：安装显卡（VGA）、声卡（Audio）、网卡（LAN）、无线网卡（Wireless LAN）等各种板卡驱动程序。

第三步：安装打印机、扫描仪等外部设备驱动程序。

三、任务实施

（一）查看设备信息和驱动程序信息

要了解驱动程序的信息，必须先知道计算机中都装有哪些硬件设备，并且对这些设备的型号、厂商等要做进一步了解。

通常可以通过"设备管理器"来进行详细查看，下面以 Windows XP 系统为例进行说明。

在"我的电脑"图标上右键单击，选择"属性"选项，打开"系统属性"对话框，选中"硬件"选项卡，单击"设备管理器"按钮，打开"设备管理器"窗口，如图 6-30 所示。此时可以看到当前系统中所有的硬件设置，了解某一设备的信息。

以查看网卡信息为例，具体操作如下。

（1）单击"设备管理器"按钮，弹出"设备管理器"窗口，如图 6-31 所示。找到"网络适配器"，单击其前面的"+"号，可以查看该设备的名称。

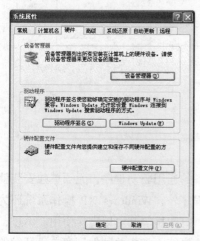

图 6-30　系统属性

图 6-31　设备管理器

（2）鼠标右键单击该设备，单击"属性"选项，如图 6-32 所示。在此可以获取网卡的驱动程序信息以及对网卡的运行状态（如更新、禁用、停用、启用等）进行相关操作。

（3）在设备属性对话框中选择"驱动程序"选项卡，如图 6-33 所示。在此可以对当前驱动的供应商、驱动程序日期、版本等信息作进一步了解。

（4）单击"驱动程序详细信息"按钮，打开图 6-34 所示的对话框，可以查看驱动程序的具体位置及文件名称。

图 6-32　设备属性

图 6-33　驱动程序选项卡

图 6-34　驱动程序详细信息

（二）获取驱动程序

获取驱动程序可以通过以下几种途径。

1. 操作系统提供的驱动

Windows XP 操作系统中附带了鼠标、光驱等硬件设备的通用驱动程序，无须单独安装就能使这些设备正常运行。事实上，除了鼠标、光驱通用驱动程序外，Windows XP 操作系统还为许多其他设备提供了驱动程序，如网卡、声卡、调制解调器、打印机等都可以直接使用。不过，由于操作系统附带的驱动是 Microsoft 公司制作的，它们的性能可能不如相关硬件厂商自己开发的驱动程序好。因此，在无法通过其他途径获取驱动程序的情况下才使用这些通用的驱动程序。

2. 硬件附带的驱动光盘

一般各种硬件设备的生产厂商都会针对自己硬件设备的特点开发专门的驱动程序，并采用软件或光盘的形式在销售硬件设备时一并提供给用户。随硬件附带的驱动都有较强的针对性，它们的性能通常比 Windows 自带的驱动程序性能要高一些。

需要注意的是，每一款硬件都提供了针对不同版本操作系统的驱动，如同一块声卡在 Windows 2000 下的驱动程序和在 Windows XP、Windows 7 下的驱动程序不同，所以在安装前一定要根据不同的操作系统认真选择驱动程序。

3. 通过网络下载

除了购买硬件时附带驱动程序盘之外，许多硬件生产商还会将相关驱动程序放到网上供用户下载使用。由于这些驱动大多是硬件厂商最新推出的更新版本，它们的性能及稳定性更好，可以通过硬件供应商的官方网站，如登录到 NVIDIA 的官网（www.nvidia.cn/Download/index.aspx?lang=cn）、HP 的官网（www8.hp.com/cn/zh/home.html），或通过驱动之家（www.mydrivers.com）、IT168 驱动下载中心等网站，下载获取相应的驱动程序。

（三）安装主板驱动

1. 确定主板芯片组的型号

目前，主板芯片组主要有 Intel、NVIDIA、VIA、ATI、SiS、ULi 等多家厂商提供，它们都有各自的主板驱动程序。在安装主板驱动前，首先要确定当前主板所使用的芯片组品牌和型号。

通过查看主板的包装盒、说明书来获得主板信息，当然通过 Everest 这款工具也可以查看到主板芯片组的具体型号。

2. 安装主板驱动程序

Intel 的芯片组以优秀的稳定性和兼容性著称，以下内容以目前使用最广泛的 Intel 芯片组为例来说明主板驱动的安装。

Intel 的主板驱动程序叫做"Intel Chipset Software Installation Utility"，支持 Windows 2000/XP/7 等。

首先下载主板驱动程序，双击安装文件"Setup.exe"即可运行。在出现的欢迎对话框中，依次单击"下一步"按钮，如图 6-35 所示。在安装完成后需要重启计算机。

图 6-35　主板驱动程序安装

重新启动计算机后，右键单击"我的电脑"，选择"属性"命令，打开"系统特性"对话框。单击"硬件"选项卡，然后单击"设备管理器"按钮，以打开相应对话框。在设备管理器中可以检查驱动程序安装成功与否，单击"IDE ATA/ATAPI 控制器"选项，若可以看到"Intel（R）82801DB……"选项，即表示安装成功，如图 6-36 所示。

（四）安装显卡驱动

1. 查看显卡的型号

（1）右键单击"桌面"，单击"属性"选项，选择"设置"选项卡，在"显示："下拉列表框中给出的就是当前电脑上用的显卡，如图6-37所示。单击"高级"按钮，新弹出的窗口上方显示的"即插即用监视器"后边的一串字符和数字，就是这台电脑上用的显卡型号。

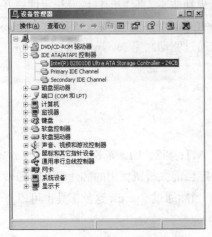

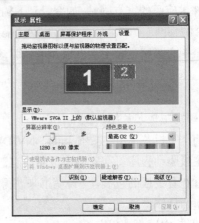

图6-36　已安装的主板驱动　　　　　　　　　图6-37　显示属性

（2）也可以通过"开始"—"运行"打开"运行"对话框，在文本框中输入"dxdiag"，打开"DirectX 诊断工具"窗口，在"显示"选项卡中，查看显卡类型，如图6-38所示。

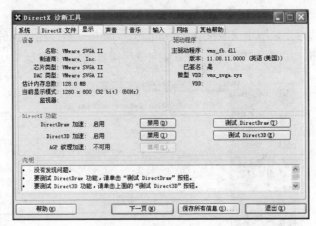

图6-38　DirectX 诊断工具

（3）借助优化大师查找。打开优化大师，在"系统检测"界面选择"计算机设备"—"显示卡"，右边显示的即是当前计算机上的显卡型号；单击"视频系统信息"可查看该显卡的详细参数。

（4）使用鲁大师、驱动精灵等专业软件查看。

2．随机附送驱动光盘时的安装

如果有随机附送的显卡驱动，将显卡驱动光盘放入光驱，右击"设备管理器"中"显示卡"下的"？"号选项，选择"更新驱动程序"，打开"硬件更新向导"对话框，选择"是，仅这一次"，单击"下一步"按钮，选择"自动安装软件"，再单击"下一步"按钮，系统即自动搜索并安装光盘中的显卡驱动程序。

3．下载驱动的安装

如果没有合适的光盘，可到显卡的官方网站、驱动之家、中关村在线、华军软件等网站下载。

从网上下载驱动程序，除了看清型号，还要看是否适合当前的系统使用。

下载的显卡驱动程序，一般有自动安装功能，按软件要求去安装，就能顺利完成。不能自动安装的，首先进行解压缩，记下该软件在磁盘中的路径，在"控制面板"中打开"硬件更新向导"，勾选"从列表或指定位置安装"，指定下载的显卡驱动文件夹的路径，系统即自动搜索并安装指定的显卡驱动程序。

装上显卡驱动之后，再去调节分辨率和刷新率。

任务三　驱动程序的备份与还原

一、任务分析

为计算机系统中的硬件设备安装驱动程序是一个较为繁琐的过程，如果能对已安装好的驱动程序进行备份，以后出现问题时就可以快速地通过还原驱动来解决问题。

二、相关知识

（一）备份驱动程序的作用

计算机系统中需要安装显卡、网卡、打印机等多种驱动程序，不仅安装过程繁琐，而且要花费较长的时间。如果操作系统崩溃重装，又要重复安装各硬件的驱动，而且还会出现驱动程序安装盘遗失的情况。如果能对系统中的驱动程序进行备份，在面对某个驱动被破坏、操作系统重装等问题时，就可以免去逐步安装驱动程序的繁琐步骤。

（二）备份与还原驱动程序的工具

用户可以使用"驱动精灵"进行驱动程序的备份与还原。

驱动精灵是一款非常实用的驱动程序备份与还原工具。驱动精灵能够自动检测用户计算机系统中的硬件设备，将全部或任意部分硬件的驱动程序提取备份出来，非常方便。它是由驱动之家研发的一款集驱动自动升级、驱动备份、驱动还原、驱动卸载、硬件检测等多功能于一身的专业驱动软件。

三、任务实施

1. 驱动精灵的安装

驱动精灵的安装与一般程序类似。需要注意的是，建议把备份和下载目录设置在非操作系统分区，这样在重新安装操作系统时可以保证驱动文件不会丢失，如图 6-39 所示。

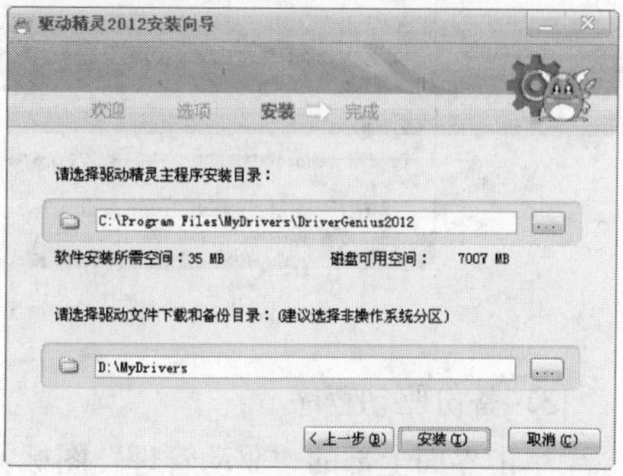

2. 驱动程序安装

图 6-39　驱动精灵的安装

驱动精灵在启动之后，会自动扫描当前机器的驱动，如果发现问题，会给出相应的提示，如

图 6-40 所示。

单击"驱动故障"右侧的"修复"按钮，打开图 6-41 所示的界面，单击"下载"按钮，即可下载相应的驱动程序。下载完成后，单击"安装"按钮可安装相应的驱动程序。

图 6-40 驱动检测

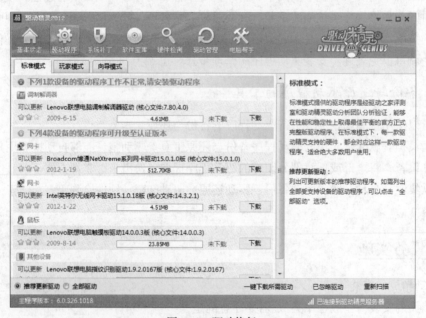

图 6-41 驱动修复

3．备份驱动程序

单击界面上部的"驱动管理"图标，打开图 6-42 所示的界面。选择"驱动备份"选项卡，勾选所需要备份驱动程序的硬件名称，然后选择需要备份的硬盘路径。单击"开始备份"按钮，即可完成驱动程序的备份工作。

图 6-42　驱动备份

4．驱动程序的还原

如果已经通过驱动精灵备份过驱动程序，当有驱动故障发生或操作系统重装时，就可以再借助于驱动精灵进行驱动程序的还原。

单击界面上部的"驱动管理"图标，打开图 6-43 所示的界面。选择"驱动还原"选项卡，单击"文件路径"右边的"…"浏览按钮，找到当初备份驱动程序的路径，单击"开始还原"按钮，开始还原驱动程序。

图 6-43　驱动还原

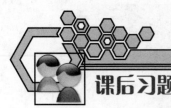

课后习题

一、选择题

1. 下列选项中（　　　）属于操作系统的安装方式。
   A. 完全安装　　　　　　　　　　B. 升级安装
   C. 多系统共存安装　　　　　　　D. 自动安装

2. 操作系统安装后，首先应安装（　　　）
   A. 主板驱动　　　　　　　　　　B. 显卡驱动
   C. 声卡驱动　　　　　　　　　　D. 网卡驱动

3. 选择（　　　）后，软件会自动安装全部功能，但需要的磁盘空间较多。
   A. 最小安装　　　　　　　　　　B. 典型安装
   C. 完全安装　　　　　　　　　　D. 自定义安装

4. 安装驱动程序时，一般情况下用户都要（　　　）
   A. 先重启计算机　　　　　　　　B. 安装好后重启计算机
   C. 安装好后不用重启计算机　　　D. 关闭计算机后重启计算机

5. 下面（　　　）是不需要安装驱动程序的。
   A. CPU　　　　B. USB 设备　　　　C. 网卡　　　　D. 主板

6. 关于驱动程序，下面说法错误的是（　　　）
   A. 驱动程序用来向操作系统提供一个访问、使用硬件设备的接口
   B. 驱动程序是实现操作系统和系统中所有硬件设备之间通信的程序
   C. 驱动程序能告诉系统硬件设备所包含的功能
   D. 驱动程序是一个不可以升级的程序

二、填空题

1. 操作系统安装后要安装驱动程序，一般驱动程序的安装顺序是先装_____的驱动程序，然后再安装_____和_____的驱动程序。

2. 对于_____设备，只要根据生产厂家的使用说明，将要添加的设备安装在计算机上，然后启动操作系统，该系统就会自动检测出新安装的设备并安装该设备所需要的相应驱动程序。

3. 在恢复系统前一定要先检查一下_____盘是否有重要的文件。

4. _____是硬件上的第一层软件，同时也是计算机硬件赖以体现功能的基础，是对硬件系统的第一次扩充。

5. _____是操作系统与硬件之间沟通的桥梁。

6. 应用软件的安装类型主要有_____、_____和_____。一般建议使用_____，这样会自动将软件中所有的功能全部安装。

三、简答题

1. 什么是驱动？其作用是什么？

2. 硬件驱动的常见安装方法有哪些？

3. 怎样查看设备信息和驱动程序信息？

4. 多系统安装流程是什么？

四、实训题

1. 找一台计算机，安装 Windows XP 系统及所有硬件的驱动程序。

2. 在不损坏操作系统的前提下，适当调整分区的大小。

3. 使用驱动精灵将系统的驱动备份并还原。

第7章

系统性能测试

任务一 系统信息检测

一、任务分析

使用工具软件，对系统性能进行测试，检测精心选购的硬件是否可达到预期的效果。

二、相关知识

选购硬件时通常是先上网查阅硬件相关资料，再到市场实地选购后组装完成的。组装计算机所选购的硬件是否货真价实，要通过系统测试来判断。

系统信息检测的常用工具。

1. CPU-Z

CPU-Z 是一个检测 CPU 等信息的免费软件，除了使用 Intel 和 AMD 自带的检测软件之外，CPU-Z 软件也是我们平时使用较广泛的测试软件之一。支持全系列的 Intel 以及 AMD 品牌的 CPU。

CPU-Z 能提供全面的 CPU 相关信息报告，包括有处理器的名称、厂商、时钟频率、核心电压、超频检测、CPU 所支持的多媒体指令集，并且还可以显示出关于 CPU 的 L1、L2 的资料（大小、速度、技术），支持双处理器。CPU-Z 有绿色版和安装版，绿色版解压缩后就可运行，安装版需要解压缩后进行安装使用。

2. EVEREST

Everest ultimate（原名 AIDA32），是一个测试软硬件系统信息的工具，它可以详细地显示出 PC 每一个方面的信息。支持上千种主板，支持上百种显卡，支持对并口/串口/USB 这些 PNP 设备的检测，支持对各式各样的处理器的侦测。目前 Everest 已经能支持包括中文在内的 30 种语言，经过几次大的更新后，现在的 Everest 已经具备了一定的硬件测试能力，可以让用户对自己计算机的性能有直观的认识。

三、任务实施

（一）使用 CPU-Z 检测系统信息

具体操作如下：

1. 查看 CPU 信息

启动 CPU-Z 软件进入 CPU-Z 程序界面，如图 7-1 所示。选择"处理器"选项卡可以看到 CPU 的各项参数。

2. 查看缓存信息

进入 CPU-Z 程序界面，切换到"缓存"选项卡，查看 CPU 各级缓存大小，如图 7-2 所示。

图 7-1　CPU-Z 查看处理器

图 7-2　缓存信息

3. 查看主板信息

进入 CPU-Z 程序界面，切换到"主板"选项卡，可以查看主板的型号、芯片组和 BIOS 的版本等信息，如图 7-3 所示。

4. 查看内存信息

进入 CPU-Z 程序界面，切换到"内存"选项卡，可以查看内存类型、大小等参数，如图 7-4 所示。

图 7-3　主板信息

图 7-4　内存信息

计算机组装与维护实践教程

5. 查看 SPD 信息

进入 CPU-Z 程序界面，切换到"SPD"选项卡，可以查看内存的更多重要信息，如图 7-5 所示。

6. 查看显卡信息

进入 CPU-Z 程序界面，切换到"显卡"选项卡，可以查看显卡的核心 GPU 的名称、显存大小等参数，如图 7-6 所示。

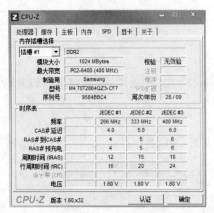

图 7-5　SPD 信息

图 7-6　显卡信息

（二）使用 EVEREST 检测系统信息

1. 查看总体概要信息

启动 EVEREST，在 EVEREST 程序窗口左侧依次单击"计算机"—"系统摘要"选项，在右侧窗口中可以看到整个计算机软硬件的总体概要信息，如图 7-7 所示。

图 7-7　总体信息

118

2. 查看计算机各项名称

在 EVERETS 程序窗口左侧依次单击"计算机"—"计算机名称"选项，在右侧窗口中可以查看计算机名称、域名等信息，如图 7-8 所示。

图 7-8　计算机名称

3. 进入 BIOS 信息窗口

在 EVERETS 程序窗口左侧依次单击"计算机"—"DMI"选项，在右侧窗口中单击 BIOS 选项，显示 BIOS 的具体信息，如图 7-9 所示。

图 7-9　BIOS 信息

4. 查看传感器信息

在 EVERETS 程序窗口左侧依次单击"计算机"—"传感器"选项，在右侧窗口中显示 CPU 的工作温度等信息，如图 7-10 所示。

5. 查看主板信息

在 EVERETS 程序窗口左侧依次单击"主板"下的选项，在右侧窗口中显示主板上 CPU、主板、内存、芯片组等信息，如图 7-11 所示。

6. 查看操作系统信息

在 EVEREST 程序窗口左侧单击"操作系统"下的选项，在右侧窗口中显示本系统中的操作系统、进程、系统驱动程序等信息，如图 7-12 所示。

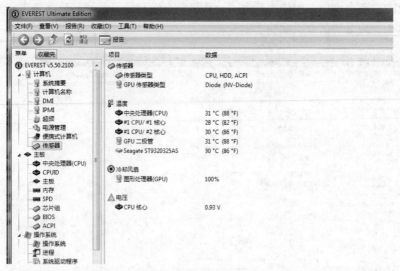

图 7-10　传感器信息

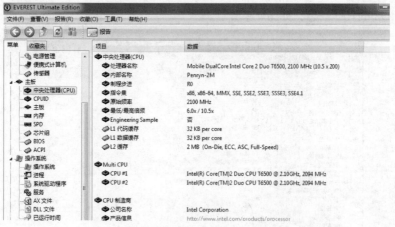

图 7-11　主板信息

图 7-12　操作系统信息

7. 主要性能测试

除了软硬件的识别检测之外，EVEREST 同样可用来测试机器性能。左侧列表最下方"性能测试"选项，可以检测执行相关内存、CPU 读写的操作时，整机的性能情况。

性能测试的方法很简单，进入后直接单击左侧界面中相关的测试项目（如内存读取、内存写入等），之后右键单击空白处，在弹出的快捷菜单中单击"刷新"就可开始测试。最后得到相关测试结果，并将测试结果和类似配置做一个比较，让用户了解自己的测试结果处于什么水平，如图 7-13 所示。

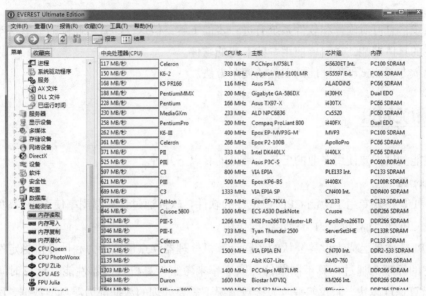

图 7-13　性能测试

除了性能测试之外，"工具"菜单下还包括了磁盘、显示器、系统稳定性等几项测试工具，通过这些工具，用户可以快速完成系统稳定、显示子系统、磁盘子系统等方面的性能测试。

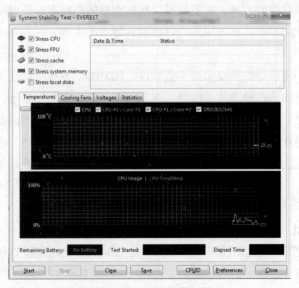

图 7-14　CPU 温度及使用情况

如果想进行这些方面的测试，直接单击相关菜单命令，将会显示单独的界面来进行测试。图 7-14 显示的是 CPU 的温度、使用情况等信息。

任务二 硬件性能测试

一、任务分析

查看系统信息可对硬件和软件系统有进一步的了解，但这仅是查看硬件的一些基本信息。若想测试硬件的具体性能，还需要使用一些专业的软件。

掌握几款专门测试硬件性能的工具的使用方法。

二、相关知识

硬件性能测试需要使用专业的工具，常见的有以下几种。

1. Super PI

Super PI 是一款专用于检测 CPU 稳定性的软件，软件通过计算圆周率使 CPU 高负荷动作，以达到考验 CPU 的计算机能力与稳定性的作用。

Super PI 软件现已成为世界公认的考察计算机处理器浮点运算能力和计算机稳定性性能的标准之一，它的原理为通过计算不同数位的圆周率来考察计算机处理器性能，计算时间越短表明 CPU 浮点运算速度越快，而我们平时大多数情况下需要处理的数据都为浮点型数据，所以软件在一定程度上反映了计算机处理器的性能。很多人喜欢超频，但超频后效果究竟如何，可能难以判断。为此，也可使用 Super PI 软件检测 CPU 超频效果。

2. MemTest

MemTest 是一款内存检测工具，它不但可以检测内存的稳定度，还可以同时测试内存的储存与检索资料的能力，让用户对正在使用的内存性能有深入的了解。

3. HD Tune

HD Tune 是一款小巧易用的硬盘检测工具软件，HD Tune 专业版还适用于移动硬盘检测。主要功能有硬盘传输速率检测、健康状态检测、温度检测及磁盘表面扫描等。另外，还能检测出硬盘的固件版本、序列号、容量、缓存大小以及当前的 Ultra DMA 模式等。虽然这些功能其他软件也有，但难能可贵的是此软件把所有这些功能集于一身，而且非常小巧，速度又快，更重要的是它是免费软件，可自由使用。这个软件是绿色软件，下载后直接运行就行了。

4. Display

Display 是一款显示器测试工具，它可以评测显示器的显示能力。

5. Nero DiscSpeed

Nero DiscSpeed 是最新的光驱检测实用工具，是 CD-DVD Speed 和 DriveSpeed 的升级版，能测试出光驱的真实速度，还有随机寻道时间及 CPU 占用率等参数。

三、任务实施

（一）使用 Super PI 测试 CPU

使用 Super PI 测试 CPU 的具体方法如下：

（1）执行 "super_pi.exe" 文件，打开图 7-15 所示的主界面。单击 "计算" 按钮，弹出图 7-16 所示的 "设置" 对话框，用于选择测试时所计算的位数，其中最小的是 1.6 万位，最大的是 3200 万位（或 3355 万位，随版本不同略有变化），建议选择 100 万位（这也是日本超频排行榜的测试标准，如果位数选择过大，需要的时间会很长）。

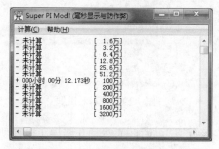

图 7-15　Super PI 主界面

图 7-16　指定测试位数

（2）开始测试。单击 "开始" 按钮，打开 "开始" 对话框，提示开始计算指定位数的 π 值，单击 "确定" 按钮就可以开始测试了。

（3）得出测试结果。Super PI 将会进行 19 次 100 万位 π 值的计算，并给出每次测试所用的时间，如图 7-17 所示。计算得到的 π 值会输出到 "pi_data.txt" 文件中。整个计算时间一般取决于系统的主频大小，假如 CPU 超频或优化后用 Super PI 测试所用的时间比超频前有所减少，那就说明 CPU 的超频或优化是成功的。

图 7-17　测试结果

（二）使用 MemTest 测试内存

使用 MemTest 测试内存的具体操作方法如下。

（1）下载并安装 MemTest 测试软件，运行后出现 MemTest 的主界面，如图 7-18 所示。在文本框内填入想要测试的容量，如果不填则默认为"所有未使用内存"。

（2）开始测试。在程序窗口中直接单击"开始测试"按钮，弹出提示框，提醒用户测试时间越长越好，如图 7-19 所示。单击"确定"按钮。

图 7-18　MemTest 主界面

图 7-19　提示对话框

（3）完成测试。在测试了一段时间后，如果看到测试对话框依然是 0 错误，则说明内存没问题。MemTest 软件会循环不断地对内存进行检测，直到用户终止程序。如果内存出现任何质量问题，MemTest 都会有所提示。

（三）使用 HD Tune 测试硬盘

启动 HD Tune，运行界面如图 7-20 所示。

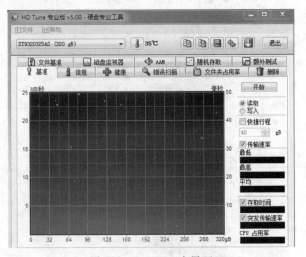

图 7-20　HD Tune 主界面

1．测试硬盘读取性能

在 HD Tune 程序窗口中切换到"基准"选项卡，选中"读取"单选按钮。经过一段时间的测试后，在"基准"选项卡右侧的"传输速率"区域可以看到硬盘平均的读取速度，还可以看到存取时间、突发传输速率、CPU 占用率等测试信息，如图 7-21 所示。同样地，我们可以选中"写入"单选按钮来测试硬盘的写入性能。

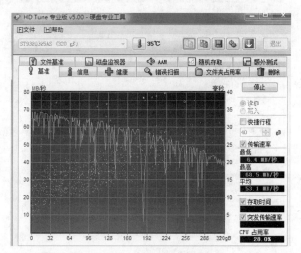

图 7-21　测试硬盘读写性能

2．查看硬盘信息

在 HD Tune 程序窗口中切换到"信息"选项卡，可以看到硬盘的分区情况、支持的特性以及硬盘的序列号等信息，如图 7-22 所示。

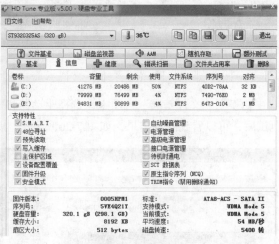

图 7-22　硬盘信息

3．查看硬盘健康状况

在 HD Tune 程序窗口中切换到"健康"选项卡，可以看到硬盘的各种健康指标，如图 7-23 所示。

4．错误扫描

在 HD Tune 程序窗口中切换到"错误扫描"选项卡，单击"开始"按钮，如图 7-24 所示。

经过一段时间的测试后，在"错误扫描"选项卡下的列表框中可以看到错误扫描结果，其中绿色表示良好，红色表示损坏，如图 7-25 所示。

图 7-23　硬盘健康状况

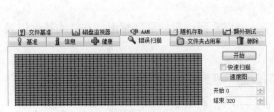

图 7-24　错误扫描

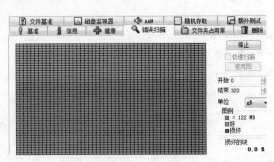

图 7-25　扫描结果

5．文件基准测试

在 HD Tune 程序窗口中切换到"文件基准"选项卡，选择驱动器和文件长度。单击"开始"按钮。经过一段时间的测试后，可以看到测试结果，如图 7-26 所示。

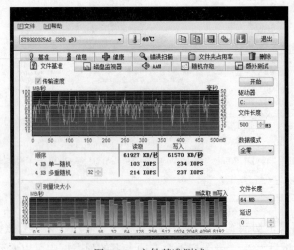

图 7-26　文件基准测试

6．磁盘监视器

在 HD Tune 程序窗口中切换到"磁盘监视器"选项卡。单击"开始"按钮，可以监控硬盘读取、写入的参数，如图 7-27 所示。

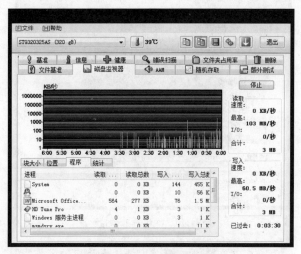

图 7-27 磁盘监视器

7. 测试 AAM

AAM 指自动噪音管理，是硬盘厂商为了降低硬盘工作时发出的噪音而提出的一种技术规范。在 HD Tune 程序窗口中切换到"AAM"选项卡，单击"测试"按钮即可进行检测，如图 7-28 所示。

图 7-28 测试 AAM

8. 硬盘随机存取测试

在 HD Tune 程序窗口中切换到"随机存取"选项卡，单击"测试"按钮。经过一段时间的测试后，可以看到关于硬盘随机存取的测试结果，如图 7-29 所示。

（四）使用 Display 测试显示器

双击"Display.exe"执行程序，弹出程序窗口，如图 7-30 所示。在程序窗口的菜单栏中单击"常规完全测试"选项，开始检测显示器。

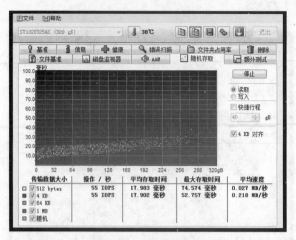

图 7-29 随机存取测试

图 7-30 Display 主界面

1．测试显示器性能

第一项测试是对比度测试，可以手动调节显示器亮度来进行测试，测试后只需要在屏幕任意处单击鼠标即可进行下一项测试，直至测试完成最后一项，可以完成对比度、灰度、色彩、几何形状、LCD 显示器的坏点等显示器性能测试，如图 7-31 所示。

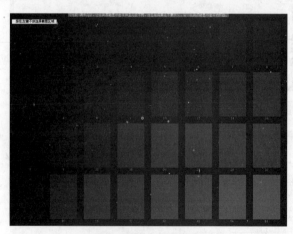

图 7-31 显示性能测试

2．测试延迟时间

在 Display 程序窗口，单击"延迟时间测试"菜单命令，在弹出的窗口中可以看到显示器的即时测试结果，如图 7-32 所示。

（五）使用 Nero DiscSpeed 测试光驱

启动 Nero DiscSpeed 后，主界面如图 7-33 所示。

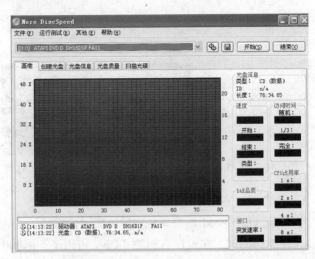

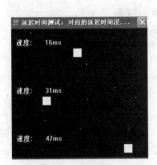

图 7-32　延迟时间测试　　　　　　　图 7-33　Nero DiscSpeed 主界面

1．测试传输速率

在 Nero DiscSpeed 程序窗口的菜单栏中单击"运行测试"菜单，选择"传输速率"菜单项即可开始检测传输速率，如图 7-34 所示。

图 7-34　测试传输速率

在窗口右侧的"速度"区域可以查看传输速率的测试结果，如图 7-35 所示。

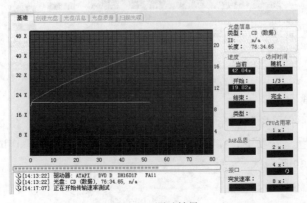

图 7-35　测试结果

2．测试访问/寻道时间

在 Nero DiscSpeed 的菜单栏中单击"运行测试"菜单，选择"访问/寻道时间"菜单项，进行访问或寻道时间的测试。在窗口右侧的"访问时间"区域中可查看访问或寻道时间测试结果，如图 7-36 所示。

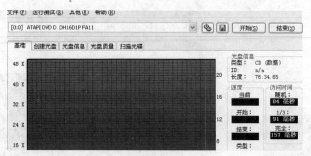

图 7-36　访问/寻道时间

3．测试 CPU 占用率

在 Nero DiscSpeed 的菜单栏中单击"运行测试"菜单，选择"CPU 占用率"菜单项，进行 CPU 占用率的测试。在窗口右侧的"CPU 占用率"区域中可查看 CPU 占用率的测试结果，如图 7-37 所示。

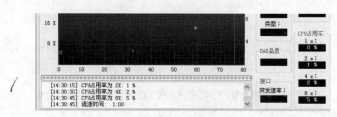

图 7-37　CPU 占用率

4．测试突发速率

在 Nero DiscSpeed 的菜单栏中单击"运行测试"菜单，选择"突发速率"菜单项，进行突发速率的测试。在窗口右侧的"接口"区域中可查看突发速率的测试结果，如图 7-38 所示。

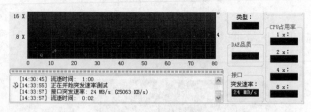

图 7-38　突发速率

5．光盘质量测试

Nero DiscSpeed 不仅可以测试光驱性能，还可以测试光盘的质量。在 Nero DiscSpeed 程序窗口中切换到"光盘质量"选项下，在窗口右侧设置扫描速度，单击窗口中的开始按钮即可开始光盘质量测试，如图 7-39 所示。

测试结果如图 7-40 所示。

图 7-39　光盘质量测试

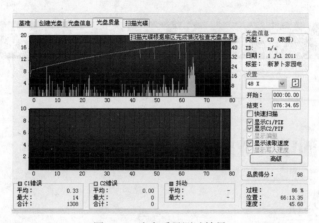

图 7-40　光盘质量测试结果

课后习题

一、简答题

1．系统测试的目的是什么？

2．CPU 测试的指标有哪些？常用 CPU 测试的软件有哪些？

3．内存测试的指标有哪些？常用内存测试的软件有哪些？

4．整机测试的指标有哪些？常用整机测试的软件有哪些？

5．显示器测试的指标有哪些？常用显示器测试的软件有哪些？

二、实训题

1．利用 CPU-Z 测试 CPU 的性能。

2．利用 CPU-Z 测试主板的性能。

3．利用 CPU-Z 测试显卡的性能。

第8章

计算机常见故障处理

任务一　加电类故障处理

一、任务分析

掌握计算机故障处理的基本方法；懂得常用工具的使用；能正确判断加电类故障并能对此类型的故障进行处理。

二、相关知识

（一）计算机常见故障的处理方法

对计算机故障的处理可采用以下几种方法：

1．观察法

观察是故障处理过程中最重要的方法，它贯穿于整个处理过程。必须通过认真的观察后，才可进行判断与维修。观察不仅要认真，而且要全面。在故障处理时应认真观察的内容包括以下几点。

（1）周围的环境。如计算机所处的位置是否处于太阳曝晒的地方或靠窗容易被雨淋的地方，温度与湿度、灰尘等。

（2）硬件环境。包括电源插座、插头是否插紧，各种硬件是否安装牢靠等。

（3）软件环境。使用的是何种操作系统，其中又安装了何种应用软件，故障是否可能是病毒引起的等。

（4）用户操作的习惯和过程。了解故障发生前后的情况，以进行初步的判断。

2．最小系统法

最小系统是指从维修判断的角度能使计算机开机或运行的最基本的硬件和软件环境。

最小系统有以下两种形式：

（1）硬件最小系统：由电源、主板和 CPU 组成。在这个系统中，没有任何信号线的连接，只有电源到主板的电源连接。在判断过程中是通过声音来判断这一核心组成部分是否可正常工作。具体声音与现象可参考表 8-4、表 8-5 和表 8-6。

（2）软件最小系统：由电源、主板、CPU、内存、显示卡或显示器、键盘和硬盘组成。这个最小系统主要用来判断系统是否可完成正常的启动与运行。这时，硬盘中可只安装一个基本的操作系统环境，然后根据分析判断的需要，加载或安装需要的应用。

在软件最小系统下，可根据需要添加或更改适当的硬件。例如，在判断音视频方面的故障时，需要在软件最小系统中加入声卡；在判断网络问题时，需要在软件最小系统中加入网卡等。

对于最小系统法来说，主要是要先判断在最基本的软、硬件环境中，系统是否可正常工作。如果不能正常工作，即可判定最基本的软、硬件有故障，从而起到故障隔离的作用。

最小系统法与逐步添加法结合，能较快速地定位发生在其他硬件的故障，提高故障处理的效率。

3．逐步添加/去除法

逐步添加法，是指以最小系统为基础，每次只向系统添加一个硬件（或设备）或软件，来检查故障现象是否消失或发生变化，以此来判断并定位故障部位。

逐步去除法正好与逐步添加法的操作相反。

逐步添加和逐步去除法一般要与替换法配合，才能较为准确地定位故障部位。

4．隔离法

是将可能妨碍故障判断的硬件或软件屏蔽起来的一种判断方法。它也可用来将怀疑相互冲突的硬件、软件隔离开以判断故障是否发生变化的一种方法。

这里所说的软硬件屏蔽，对于软件来说，即是停止其运行或卸载；对于硬件来说，是在设备管理器中禁用、卸载其驱动，或将硬件从系统中去除。

5．替换法

替换法是用好的硬件去代替可能有故障的硬件，以判断故障现象是否消失的一种维修方法。好的硬件可以是同型号的，也可能是不同型号的。替换的顺序一般为：

（1）根据观察到的故障现象考虑需要进行替换的硬件或设备；

（2）按先简单后复杂的顺序进行替换。如：先内存、CPU，后主板；

（3）最先替换怀疑有故障的连接线、信号线等，其次是替换怀疑有故障的硬件，再次是替换供电硬件，最后是与之相关的其他硬件。

6．比较法

比较法与替换法类似，即用好的硬件与怀疑有故障的硬件进行外观、配置、运行现象等方面的比较，也可在两台计算机之间进行比较，以判断故障计算机在环境设置、硬件配置方面的不同，从而找出故障部位。

7．敲打法

敲打法一般用在怀疑电脑中的某硬件有接触不良的故障时，通过振动、适当的扭曲，甚或用橡胶锤敲打特定硬件来使故障复现，从而判断故障硬件的一种维修方法。

（二）故障处理常用工具

计算机硬件故障处理的常用维修工具包括以下几种。

1. 大十字螺丝刀

用来拆装部件，拧下或装上固定螺钉，如图 8-1 所示。

图 8-1　十字螺丝刀

2. 一字螺丝刀

老式的 Intel Socket 370 结构以及 AMD Socket 462 结构的 CPU 散热器的拆装需要使用一字螺丝刀，如图 8-2 所示。

图 8-2　一字螺丝刀

3. 镊子

调整部件上的跳线，调整 CPU 等设备引脚等，如图 8-3 所示。

图 8-3　镊子

4. 钳子

用来拆装部件，如图 8-4 所示。

图 8-4　尖嘴钳

5. 回路环（含网卡回路环、并口回路环与串口环路环）

用来测试用户的网卡，并口以及串口的功能，如图 8-5 和图 8-6 所示。

图 8-5　并口短路环

图 8-6　串口短路环

6. 硅胶

使 CPU 与散热器接触充分，改善散热环境，如图 8-7 所示。

7. 清洁工具

包括小刷子、皮老虎、橡皮、清洁布、清洁剂等。图 8-8 所示为皮老虎。

8. 防静电工具

包括防静电手环、防静电桌布。图 8-9 所示为防静电手环。

图 8-7　硅胶

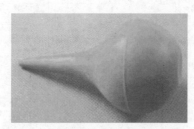

图 8-8　皮老虎

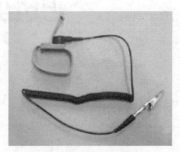

图 8-9　防静电手环

9. 测电笔

用于测量电源插座等是否有电，如图 8-10 所示。

图 8-10　测电笔

10. 万用表

万用表可用于直流电压、交流电压、直流电流、交流电流、电阻等的测量，以 UT60B 为例，其外观如图 8-11 所示。

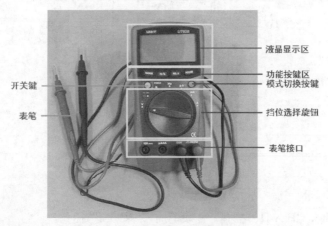

图 8-11　万用表基本介绍图

UT60B 型万用表的液晶屏显示内容如图 8-12 所示。

液晶屏显示

序号	符号	说明
1	AC	交流信号测量
2	TRMS	真有效值测量
3	AUTO	自动量程
4	RS232C	标准串行接口，表示串行数据正在输出
5	%	占空比测量
6	H	数据保持
7	△	相对值测量
8	▯	电池电量不足
9	℃	温度测试
10	⊣⊢	二极管测试
11	·)))	电路通断测试
12	Ω kΩ MΩ	电阻单位：欧姆、千欧姆、兆欧姆
13	nF μF	电容单位：纳法、微法
14	Hz kHz MHz	频率单位：赫兹、千赫兹、兆赫兹
15	mV V	电压单位：毫伏、伏
16	μA mA A	电流单位：毫安、微安、安培
17	-	显示负的极性
18	OL	对所选量程输入信号太高，表示溢出

图 8-12　万用表液晶屏显示

以下为万用表测量的操作说明。

（1）直流电压测量。

① 将红表笔插入"HzVΩ"插孔，黑表笔插入"COM"插孔。

② 将功能量程开关置于"V"电压测量档（UT60B 万用表开机默认为测量直流电压），通过表笔将万用表并联到待测电源或负载上。

③ 从液晶屏上读取测量结果，如图 8-13 所示。

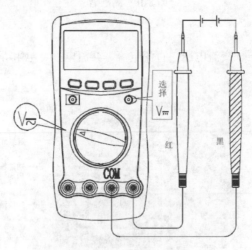

图 8-13　直流电压测量

（2）交流电压测量。

① 将红表笔插入"HzVΩ"插孔，黑表笔插入"COM"插孔。

② 将功能量程开关置于"V"电压测量档，按 SELECT 蓝色键选择交流电压测量（屏幕上显示 AC），通过表笔将万用表并联到待测电源或负载上。

③ 从液晶屏上读取测量结果，如图 8-14 所示。

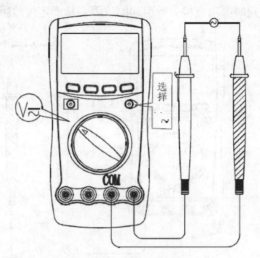

图 8-14　交流电压测量

（3）直流/交流电流测量。

① 将红表笔插入 "μA"、"mA" 或 "10A" 插孔，黑表笔插入 "COM" 插孔。

② 将功能量程开关置于 "μA"、"mA" 或 "A" 电流测量档。初始设置为直流测量，如要进行交流测量，按 SELECT 蓝色键可选择交流测量。通过表笔将万用表串联到待测电源或负载上。

③ 从液晶屏上读取测量结果，如图 8-15 所示。

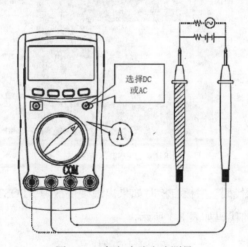

图 8-15　直流/交流电流测量

（4）电阻测量。

① 将红表笔插入 "HzVΩ" 插孔，黑表笔插入 "COM" 插孔。

② 将功能量程开关置于 "Ω" 测量档（电阻测量功能为默认值），通过表笔将万用表并联到待测电源或负载上。

③ 从液晶屏上读取测量结果，如图 8-16 所示。

11．POST 卡（又叫主板检测卡）

（1）POST 卡的工作原理。在主机启动时，主板在 BIOS 控制下进行自检，POST 卡监控自检的全过程，并用代码显示自检的每个阶段，如果启动被异常终止（如死机），代码也将停止，用户根据此时显示的代码可以判断哪项自检失败引起的故障，从而定位故障部件。

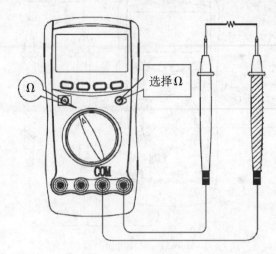

图 8-16　电阻测量

（2）POST 卡的结构。POST 卡由电路板、代码显示管、状态指示灯、蜂鸣器等部分组成，如图 8-17 所示。

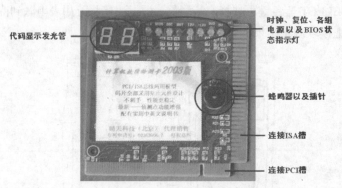

图 8-17　POST 卡结构图

（3）POST 卡常见故障代码。主板自检时如果出现硬件故障，POST 卡的代码显示发光管将显示相应的故障代码。常见的代码如表 8-1 所示。

表 8-1　　　　　　　　　　　　　　　POST 卡故障代码

代　码	说　明	备　注
00 或 FF	运行一系列代码之后，出现 00 或 FF 代码，则主板没有问题	由于主板设计以及芯片组之间的差异，部分主板自检完成后可能显示 23、25、26 代码，属于正常情况
	一开机就显示一个固定的代码（如：00 或 FF），没有任何变化，通常为主板或 CPU 没有正常运行	
CO	初始化高速缓存	主板或 CPU 故障
C1 或 C6	内存自检	此代码死机喇叭将报警，有些主板显示 A7
31	显示器存储读或写测试或扫描检测失败	主板显示部分或显卡故障，喇叭将报警

（4）指示灯状态。

指示灯的状态可以快速直接地提供很多信息，如表 8-2 所示。

表 8-2　　　　　　　　　　　　　　　　POST 卡指示灯状态

名　　称	信号名称	说　　明
CLK	总线时钟	不论 ISA 和 PCI 只要一块空板（无需 CPU），接通电源就应该亮，否则时钟信号坏
BIOS	基本输入/输出	当主板运行对 BIOS 有读操作时会闪烁，启动后不亮。如自检时长亮或长暗都不正常
IRDY	主设备准备好	有 IRDY 信号时才闪烁，否则不亮
OSC	振荡	有 ISA 槽的主振信号，空板通电应常亮，否则停振
FRAME	帧周期	PCI 槽有循环帧信号时灯才闪烁，平时常亮
RET	复位	开机瞬间或按下 RESET 按钮后，亮半秒熄灭属正常情况；若常亮，通常为主板复位电路、复位按钮坏，或插针连接有误
+3.3V +5V -5V +12V -12V	电源	空板上电即应常亮，否则无此电压输出或主板有短路

（三）可能的故障现象

加电类故障指从上电（或复位）到自检完成这一段过程中电脑所发生的故障，可能的故障现象有：

（1）主机不能加电（如电源风扇不转或转一下即停止等）、有时不能加电、开机掉闸、机箱金属部分带电等；

（2）开机无显，开机报警；

（3）自检报错或死机、自检过程中所显示的配置与实际不符等；

（4）反复重启；

（5）不能进入 BIOS、刷新 BIOS 后死机或报错；CMOS 掉电、时钟不准；

（6）机器噪声大、自动（定时）开机、电源设备问题等其他故障。

加电类故障可能涉及的硬件主要有：市电环境；电源、主板、CPU、内存、显示卡、其他可能的板卡；BIOS 中的设置（可通过放电来恢复到出厂状态）；开关及开关线、复位按钮及复位线本身的故障。

三、任务实施

1. 检查主机电源

由于电源是计算机中的主要部件，电源是否工作正常，直接决定计算机能否正常工作。如果电源输出电压不稳甚至还会导致主机部件损坏。在实际的维修中，若判断是电源故障时，除了查看电源的外观（如是否电源电容漏液、各个接头是否有异常）外，还应重点测试电源各组输出电压是否正常。正值标准误差应该在±5%的范围内；负值的输出电压应该在±10%的范围内。

电源的检测包括两个方面：市电检测与电源输出检测。

（1）市电检测包括市电电压和市电接地两个方面。市电输出的交流电压，要求在220V±10%范围内；市电的接线要求左零右火、不允许用零线作地线用；检测地线接地情况，在无地线的环境中，触摸主机的金属部分，会有麻手的感觉。如果接地后，麻手现象即消失。

市电测量用到的工具主要是万用表，使用万用表的交流电压档，红表笔接火线、黑表笔接零线测量市电电压的输出。

如果计算机的供电不是直接从市电来，而是通过稳压设备获得，要注意检查用户所用的稳压设备是否完好、或是否与计算机的电源兼容。

（2）电源输出检测是在市电正常且出现加电故障后进行的检测，正常范围如表8-3所示。

表8-3　　　　　　　　　　　　　电源输出正常范围

各 组 电 压	线　色	电压允许范围（V）	误 差 范 围
火线—零线（220V）	//	198 ～ 242	±10%
火线—地线（220V）	//	198 ～ 242	±10%
零线—地线	//	0<N-G<5V	
+5V	紫色	+4.75 ～ +5.25	±5%
+3.3V	橙色	+3.135 ～ +3.465	±5%
+5V	红色	+4.75 ～ +5.25	±5%
-5V	白色	-4.5 ～ -5.5	±10%
+12V	黄色	+11.40 ～ +12.60	±5%
-12V	蓝色	-10.8 ～ -13.2	±10%

2. 检查计算机内部连接

（1）电源开关可否正常的通断，声音清晰，无连键、接触不良现象。

（2）其他各按钮、开关通断是否正常。

（3）连接到外部的信号线是否有断路、短路等现象。

（4）主机电源是否已正确地连接在各主要硬件，特别是主板的相应插座中。

（5）板卡，特别是主板上的跳接线设置是否正确。

3. 检查硬件安装

（1）检查机箱内是否有异物造成短路。

（2）硬件安装上是否造成短路。

（3）通过重新插拔硬件（包括 CPU、内存等），检查故障是否消失。重新插拔前，应该先做硬件设备包括插槽的除尘工作，用橡皮擦清洁金手指。检查硬件安装时，是否存在过松、过紧等现象。

（4）检查内存的安装，要求内存的安装总是从第一个插槽开始顺序安装。如果不是这样，请重新插好。

在开机无显时，用 POST 卡检查硬件最小系统中的硬件是否正常。

如果硬件最小系统中的硬件经 POST 卡检查正常后，再逐步加入其他的板卡及设备，以检查其中哪个硬件或设备有问题。

4. 检查加电后的现象

（1）按下电源开关或复位按钮时，观察各指示灯是否正常闪亮。

（2）风扇（电源风扇和 CPU 风扇等）的工作情况，不应有无动作或只动作一下即停止的现象。

（3）注意倾听风扇、驱动器等的电机是否有正常的运转声音或声音是否过大。

（4）主机能加电，但无显示，应倾听主机能否正常自检（即有自检完成的鸣叫声，且硬盘灯能不断闪烁）。若能正常自检，先检查显示系统是否有故障，否则检查主机问题。

5. 通过开机报警声判断故障

很多时候计算机开不了机，或者出现各种黑屏故障时，主板上接的蜂鸣器会发出各种不同的报警声，来提示硬件有故障或硬件安装存在问题。了解报警声所包含的信息，对于故障查找与排除非常有帮助。不同主板对应的报警声音有所不同，表 8-4 为升技 Award BIOS 对应的开机报警声音及其所代表的故障现象，表 8-5 为华硕 AMI BIOS 对应的开机报警声音及其所代表的故障现象，表 8-6 为兼容 BIOS 对应的开机报警声音及其所代表的故障现象。

表 8–4　　　　　　　　　　　升技 Award BIOS 对应的报警声

声　音	现 象 判 断
1 短	系统正常启动
2 短	CMOS Setup 中有参数设置错误
1 长 1 短	RAM 或主板出错
1 长 2 短	显示器或显卡错误
1 长 3 短	键盘控制器错误
1 长 9 短	主板 Flash RAM 或 EPROM 错误，BIOS 损坏
重复长鸣	内存条未插紧或损坏
重复短鸣	电源有问题
不间断长鸣	主板电源插头与主板电源插槽或显示器与显卡未连接好
无声音无显示	电源有问题

表 8–5　　　　　　　　　　　华硕 AMI BIOS 对应的报警声

声　音	现 象 判 断
1 短	内存故障（解决方法，更换内存条）
2 短	内存 ECC 校验错误（解决方法：进入 CMOS 设置，将 ECC 校验关闭）
3 短	系统基本内存（第 1 个 64KB）检查失败
4 短	系统时钟出错
5 短	CPU 错误
6 短	键盘控制器错误

续表

声　音	现 象 判 断
7 短	系统实模式错误，不能切换到保护模式
8 短	显示内存错误。注：显卡内存简称显存
9 短	ROM BIOS 检验和错误
1 长 3 短	内存错误
1 长 8 短	显示器数据线没接好或显卡没插牢

表 8-6　　　　　　　　　　　　兼容 BIOS 对应的报警声

声　音	现 象 判 断
1 短	系统正常
2 短	系统加电自检（POST）失败
1 长	电源错误，如果无显示，则为显卡错误
1 长 1 短	主板错误
1 长 2 短	显卡错误
1 短 1 短 1 短	电源错误
3 长 1 短	键盘错误

目前，新的主板存在不报警的现象，需要我们在实际中通过声音以外的方法进行检查。

6. BIOS 设置检查

（1）通过清 CMOS 检查故障是否消失。

（2）检查 BIOS 中的设置是否与实际的配置不相符（如磁盘参数、内存类型、CPU 参数、显示类型、温度设置等）。

（3）根据需要更新 BIOS 检查故障是否消失。

对于不能进 BIOS，或不能刷新 BIOS 的情况，可先考虑主板的故障。

对于反复重启或关机的情况，除注意市电的环境（如插头是否插好等）外，要注意电源或主板是否有故障；检查系统中是否加载有第三方的开关机控制软件，如有应予以卸载。

四、工程经验

1. BIOS 报错

遇到这种情况，可以对照表 8-7 进行实际故障判断与排除。

表 8-7　　　　　　　　　　　　　BIOS 报错列表

报 错 信 息	含 　义	推 断 结 果
BIOS ROM checksum error-system halted	BIOS 芯片检测故障	判断为硬件故障
Keyboard error or no keyboard present	键盘错误或键盘不存在	1. 重新插拔键盘 2. 通过更换键盘测试判断主板故障或键盘故障

续表

报 错 信 息	含 义	推 断 结 果
Press TAB to show POST screen	按 TAB 可以切换屏幕显示	对于品牌机，此提示每次开机都会出现，属于正常情况。出现此提示表示开机时按 TAB 键可以出现自检画面
Primary IDE no 80 conductor cable installed	没有使用 80 芯的数据线	此提示说明没有给 IDE 设备使用 80 芯的数据线，不影响使用，但可能影响硬盘速度，建议给硬盘使用 80 芯线
Press F1 to Continue，Del to load CMOS defaults	按 F1 键继续，按 Del 键恢复 BIOS 默认值	1．关掉 BIOS 里的软驱启动的选项 2．主板电池被放电或没电而导致，如因放电所致，恢复 BIOS 默认值即可，如因主板电池没电导致，更换主板电池
Hard disk install Failure	硬盘安装失败	1．先检查硬盘的电源线、数据线是否插牢，硬盘跳线是否设错 2．有可能中了 CIH 病毒，低格硬盘解决
Hard disk（s）disagnosis fail	执行硬盘诊断时发生错误	硬盘硬件故障
Memory test fail	内存测试失败	内存不兼容或出现故障，如加装过内存，则判定为不兼容；如果没有则为硬件故障

2．开机有显示但自检报错

遇到这种情况，可以按照图 8-18 所示的流程进行实际故障排除。

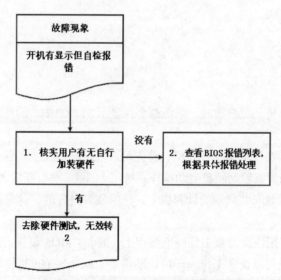

图 8-18　开机有显示但自检报错故障排除

3．主机电源指示灯不亮

主机电源指示灯不亮，指示灯亮一下即灭，有时不能加电（多次按电源开关偶尔能够开机）。这种情况可以按照图 8-19 所示的流程进行实际故障排除。

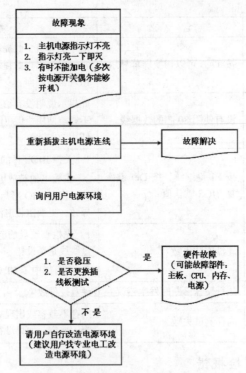

图 8-19　主机电源指示灯不亮等故障排除

五、典型案例

1. 案例一

问题描述：每次计算机开机自检时，系统总会在显示 512KCache 的地方停止运行了，如何判断故障原因？

解决方案：首先既然在显示缓存处死机，首先可以认定是该处或其后的部分有问题。在正常开机情况下，此项显示完后就轮到硬盘启动操作系统了。因此，可以断定若不是高速缓存的问题，就是硬盘的故障。取下硬盘安装到别的计算机上，证实硬盘是好的。这是检查计算机故障最常用的办法——替换排除法。

经过替换排除法后，把注意力集中到高速缓存上。进入 CMOS 设置，禁止 L2 Cache，存盘退出，重启机器。若计算机可以正常工作，即可以断定是 L2 Cache 的问题。

触摸主板上的高速缓存芯片，发现有些芯片很热，估计就是这儿的问题。再次确认问题所在没错。

经验总结：若发现机器总死机，可运行一会儿后，用手触摸主板上的高速缓存芯片，如果发现烫手，就可在 CMOS 中关闭二级缓存，发现是否死机，最后确定故障所在。

2. 案例二

问题描述：双子恒星 6C/766 的机器，主板是精英 P6SEP-MEV2.2D，当内存不插在 DIMM1

时，开机无显示，但机器不报警。

解决方案：经测试，当 DIMM1 上不插内存时，即使 DIMM2、DIMM3 都插上内存，开机也是无显。当 DIMM1 插上内存时，不管 DIMM2、DIMM3 上是否插有内存，开机正常。

此问题是由于此机型集成的显卡使用的显存是共享物理内存的，而显存所要求的物理内存是要从插在 DIMM1 上的内存中取得，当 DIMM1 上没有插内存时，集成显卡无法从物理内存中取得显存，故用户开机时无显。

3．案例三

问题描述：联想扬天 E3100C/AMD S64 2800+/256/80 计算机，开机无显示，如何处理？

解决方案：检查用户的环境，发现用户机随机附带两块显卡——主板集成一个显卡，另外还有一块单独的 FX5200/128MB 显卡。有的用户在刚刚购买电脑时由于对电脑不太熟悉，将显示器信号线接到了主板集成的显卡接头上，这样会导致开机无显，但是此时主机工作正常。

将显示器信号线接到独立显卡，问题即可解决。

任务二　启动与关闭类故障处理

一、任务分析

能正确判断启动与关闭类故障并能对此类型的故障进行处理。

二、相关知识

启动与关闭类故障是指与计算机启动、关闭过程有关的故障。启动是指从自检完毕到进入操作系统应用界面这一过程中发生的问题；关闭系统是指从点击关闭按扭后到电源断开之间的所有过程。

可能出现的故障现象以及涉及的硬件

1．可能出现的故障现象

（1）启动过程中死机、报错、黑屏、反复重启等。

（2）启动过程中报某个文件错误。

（3）启动过程中，总是执行一些不应该的操作（如总是磁盘扫描、启动一个不正常的应用程序等）。

（4）只能以安全模式或命令行模式启动。

（5）登录时失败、报错或死机。

（6）关闭操作系统时死机或报错。

2．可能涉及的硬件

BIOS 设置、启动文件、设备驱动程序、操作系统或应用程序配置文件；电源、磁盘及磁盘驱动器、主板、信号线、CPU、内存、可能的其他板卡。

三、任务实施

（一）启动类故障的检查与处理

启动类故障可从以下方面进行判断与处理。

1. 检查驱动器连接

（1）驱动器的电源连接是否正确、牢靠。驱动器上的电源连接插座是否有虚接的现象。

（2）驱动器上的跳线设置是否与驱动器连接在电缆上的位置相符。

（3）驱动器的数据电缆是否接错或漏接，规格是否与驱动器的技术规格相符（如支持 DMA66 的驱动器，必须使用 80 芯数据电缆）。

（4）驱动器的数据电缆是否有故障（如露出芯线、有死弯或硬痕等），除可通过观察来判断外，也可通过更换一根数据电缆来检查。

（5）驱动器是否通过其他板卡连接到系统上，或通过其他板卡（如硬盘保护卡，双网隔离卡等）来控制。

2. 检查其他硬件的安装

（1）通过重新插拔硬件（包括 CPU、内存等），检查故障是否消失（重新插拔前，应该先做除尘和清洁金手指工作，包括插槽）。

（2）检查 CPU 风扇与 CPU 是否接触良好，最好重新安装一次。

（3）观察 CPU 风扇的转速是否过慢或不稳定。

3. BIOS 设置检查

（1）是否刚更换完不同型号的硬件。如果主板 BIOS 支持 BOOTEasy 功能或 BIOS 防写开关打开，则建议将其关闭。待完成一次完整启动后，再开启。

（2）是否添加了新硬件。这时应先去除添加的硬件，看故障是否消失，若是，检查添加的硬件是否有故障，或系统中的设置是否正确（通过对比新硬件的使用手册检查）。

（3）检查 BIOS 中的设置。如启动顺序、启动磁盘的设备参数等。建议通过清 CMOS 来恢复。

（4）在某些特殊情况下，应考虑升级 BIOS 来检查。例如，对于在第一次开机启动后，某些应用或设备不能工作的情况，除检查设备本身的问题外，可考虑更新 BIOS 来解决。

4. 磁盘逻辑检查

磁盘逻辑检查应在软件最小系统下进行。

（1）根据启动过程中的错误提示，相应地检查磁盘上的分区是否正确、分区是否激活、是否格式化。

（2）直接检查硬盘是否已分区、格式化。

（3）加入一个无故障的其他驱动器（如软驱或光驱）来检查能否从其他驱动器中启动。若能从其他驱动器启动，则进行操作系统配置的检查，否则进行硬件的检查。

（4）硬盘上的启动分区是否已激活，其中是否有启动时所用的启动文件或命令。

（5）检查硬盘驱动器上的启动分区是否可访问，若不能，则用相应厂商的磁盘检测程序检查硬盘是否有故障。如有故障，则需要更换硬盘；如无故障，则通过初始化硬盘来检测，若故障依然存在，则需要更换硬盘。

（6）在用其他驱动器也不能启动时，先将硬盘驱动器去除，看是否可启动，若仍不能，应对软件最小系统中的硬件进行逐一检查，包括硬盘驱动器和磁盘传输的公共硬件——磁盘接口、电源、内存等。若可启动了，最好对硬盘进行一次初始化操作，若故障不消失，则再更换硬盘。

5．操作系统配置检查

（1）在不能启动的情况，通过在启动菜单中"选择上一次启动"或使用"scanreg.exe"恢复注册表到前期备份的注册表的方法检查故障是否能够消除。

（2）检查系统中有无第三方程序在运行，或系统中不当的设置或设备驱动引起启动不正常。特别要注意"Autoexec.bat"和"Config.sys"文件，屏蔽这两个文件，检查启动故障是否消失。

（3）检查启动设置、启动组中的项、注册表中的键值等，是否加载了不必要的程序。

（4）检查是否存在病毒。

（5）必要时，通过一键恢复、恢复安装等方法，检查启动方面的故障。

（6）当启动中显示不正常时（如黑屏、花屏等），应按显示类故障的判断方法进行检查，但首先要注意显示设备的驱动程序是否正常、显示设置是否正确，最好将显示改变到标准的 VGA 方式检查。

6．硬件检查

（1）如果启动的驱动器是通过另外的控制卡连接的，可将驱动器直接连接在默认的驱动器接口（主板上的）。

（2）当在软件最小系统下启动正常后，应逐步回复到原始配置状态，来定位引起不能正常启动的硬件。

（3）检查电源的供电能力，即输出电压是否在允许的范围内，波动范围是否超出允许的范围。

（4）驱动器的检查，可参考磁盘类故障的判断方法进行。

（5）硬件方面的检查，应从内存开始考虑。使用内存检测程序判断内存部分是否有故障，内存安装的位置，应从第一个内存槽开始安装，对于安装的多条内存应检查内存规格是否一致、兼容等。

（二）关闭类故障的检查与处理

关闭类故障可以按以下方法进行检查与处理。

（1）在命令提示符下查看"BOOTLOG.TXT"文件（在根目录下）。此文件是开机注册文件，它里面记录了系统工作时失败的记录，保存一份系统正常工作时的记录，与出问题后的记录相比较，找出有问题的驱动程序，在"WIN.INISYSTEM.INI"中找到该驱动对应的选项，或在注册表中找到相关联的对应键值，更改或升级该驱动程序，有可能将问题解决。

（2）升级 BIOS 到最新版本，注意 CMOS 的设置（特别是 APM、USB、IRQ 等）。

（3）检查是否有一些系统的文件损坏或未安装。

（4）应用程序引起的问题，关闭启动组中的应用程序。

（5）检查是否有某个设备引起无法正常关机，如网卡、声卡等，可通过更新驱动或更换硬件来检查。

（6）通过安装补丁程序或升级操作系统进行检查与处理。

四、工程经验

（1）启动过程中停在进度条无响应，如蓝屏、黑屏、死机等，只能启动到安全模式。

用户可按照图 8-20 所示的流程进行实际故障排除。

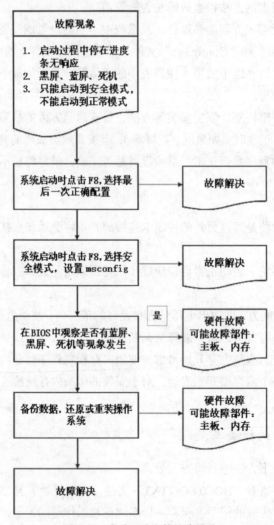

图 8-20　启动无响应等故障排除

（2）启动过程中反复重启或自动关机时，用户可按照图 8-21 所示的流程进行实际故障排除。

（3）启动时自动加载不希望出现的软件及网页，启动后报一个应用程序错误时，用户可按照图 8-22 所示的流程进行实际故障排除。

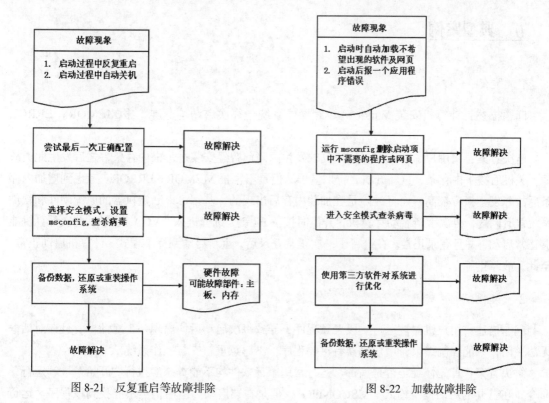

图 8-21　反复重启等故障排除　　　　　　　　　图 8-22　加载故障排除

（4）关闭系统的过程中死机或报错，无响应时，用户可按照图 8-23 所示的流程进行实际故障排除。

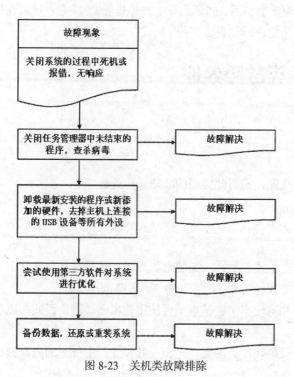

图 8-23　关机类故障排除

五、典型案例

1．案例一

问题描述：计算机安装 Windows XP 操作系统，每次启动均蓝屏，报 MEMORY ERROR 错误。

解决方案：向用户了解情况，用户反映发生故障前曾经安装过一根内存条，之后发生此类故障。关机后拔下内存条，重新开机，仍旧蓝屏，但是不再报 MEMORY ERROR。考虑到增加内存条后故障发生概率较高，而且故障是在加装内存后出现的，基本可以断定机器的原配硬件和软件系统没有问题。再次重新启动计算机，开机时按下 F8 键，选择进入"VGA 模式"，此次计算机能够正常启动，并且登录正常。在进行了一次正常登录后，重新启动到标准模式，计算机启动正常。至此，故障排除。

2．案例二

问题描述：用户机器被运行一段恶意程序，导致每次启动后均出现一个对话框，且该对话框无法关闭，只能强制结束，用户机器有重要程序，不愿意重新安装操作系统。

解决方案：首先怀疑是否是病毒，运行常用杀毒软件均不能查杀。执行"开始"—"运行"命令，在打开的对话框中输入"MSCONFIG"，但是在"启动"组中仍然不能找到该程序。运行"SCANREG"，将注册表恢复到最老的版本故障依旧。最后只好手工编辑注册表，运行"REGEDIT"，在"HKEY_LOCAL_MACHINE\Software\Microsoft\Windows\CurrentVersion\RUN"下，找到对应的程序文件名，删除对应的键值后，重新启动，故障排除。（注意：建议在更改注册表前，使用注册表编辑器的"导出"功能进行注册表备份。）

任务三　磁盘类故障处理

一、任务分析

能正确判断磁盘类故障并能对此类型的故障进行处理。

二、相关知识

磁盘类故障包括两个主要方面：一是硬盘、光驱、软驱及其介质等引起的故障；二是影响对硬盘、光驱、软驱访问的硬件（如主板、内存等）引起的故障。

由于目前的台式机和笔记本中已基本不再使用软盘驱动器，因此在磁盘类故障处理中省略对软驱故障的判断与处理。

磁盘类故障可能涉及的硬件有硬盘、光驱及其设置，主板上的磁盘接口、电源、信号线等。

可能的故障现象

1．硬盘驱动器

（1）硬盘有异常声响，噪音较大。

（2）BIOS 中不能正确地识别硬盘、硬盘指示灯常亮或不亮、硬盘干扰其他驱动器的工作等。

（3）不能分区或格式化、硬盘容量不正确、硬盘有坏道、数据损失等。

（4）逻辑驱动器盘符丢失或被更改、访问硬盘时报错。

（5）硬盘数据的保护故障。

（6）第三方软件造成硬盘故障。

2．光盘驱动器

（1）光驱噪音较大、光驱划盘、光驱托盘不能弹出或关闭、光驱读盘能力差等。

（2）光驱盘符丢失或被更改、系统检测不到光驱等。

（3）访问光驱时死机或报错等。

（4）光盘介质造成光驱不能正常工作。

三、任务实施

（一）硬盘故障

1．硬盘连接检查

在对硬盘进行连接检查时，还应进行硬盘的供电检查，即检查供电电压是否在允许范围内，波动范围是否在允许的范围内等。

（1）硬盘上的 ID 跳线是否正确，它应与连接在线缆上的位置匹配。

（2）连接硬盘的数据线是否接错或接反。

（3）硬盘连接线是否有破损或硬折痕。可通过更换连接线检查。

（4）硬盘连接线类型是否与硬盘的技术规格要求相符。

（5）硬盘电源是否已正确连接，不应有过松或插不到位的现象。

2．硬盘外观检查

（1）硬盘电路板上的元器件是否有变形、变色，及断裂缺损等现象。

（2）硬盘电源插座之接针是否有虚焊或脱焊现象。

（3）加电后，硬盘自检时指示灯是否不亮或常亮；工作时指示灯是否能正常闪亮。

（4）加电后，要倾听硬盘驱动器的运转声音是否正常，不应有异常的声响及过大的噪音。

3．参数与设置检查

（1）硬盘能否被系统正确识别；识别到的硬盘参数是否正确；BIOS 中对 IDE 通道的传输模式设置是否正确（最好设为"自动"模式）。

（2）显示的硬盘容量是否与实际相符、格式化容量是否与实际相符（注意：一般标称容量是按 1000 为单位标注的，而 BIOS 中及格式化后的容量是按 1024 为单位显示的，两者之间有 3%～5%的差距。另外格式化后的容量一般会小于 BIOS 中显示的容量）。

（3）检查当前主板的技术规格是否支持所用硬盘的技术规格，如：对于大硬盘的支持、对高传输速率的支持等。

4．硬盘逻辑结构检查

（1）检查磁盘上的分区是否正常、分区是否激活、是否格式化、系统文件是否存在或完整。

① 主引导程序故障。硬盘的主引导扇区是硬盘中最为敏感的一个部件，其中的主引导程序是它的一部分。此段程序主要用于检测硬盘分区的正确性，并确定活动分区，负责把引导权移交给活动分区的 DOS 或其他操作系统。此段程序损坏将无法从硬盘引导，但从软驱或光驱启动之后可对硬盘进行读写。可使用 fdisk 命令修复此故障，带参数/mbr 运行 fdisk 命令，将直接更换（重写）硬盘的主引导程序。

② 分区表错误引导的启动故障。分区表错误是硬盘的严重错误，不同错误的程度会造成不同的损失。如果是没有活动分区标志，则计算机无法启动，但从软驱或光驱引导系统后可对硬盘读写，再通过 fdisk 命令重置活动分区进行修复。如果是某一分区类型错误，可造成某一分区的丢失。分区表中还有其他数据用于纪录分区的起始或终止地址。这些数据的损坏将造成该分区的混乱或丢失，一般无法进行手工恢复，唯一的方法是用备份的分区表数据重新写回，或从其他的相同类型的并且分区状况相同的硬盘上获取分区表数据，否则将导致其他的数据永久的丢失。用户可采用 NU 等工具软件，直接对硬盘主引导扇区进行读写或编辑。

（2）对于不能分区、格式化操作的硬盘，在无病毒的情况下，应更换硬盘。更换仍无效的，应检查软件最小系统下的硬件是否有故障。

（3）必要时进行修复或初始化操作，或完全重新安装操作系统。

5．系统环境与设置检查

（1）注意检查系统中是否存在病毒，特别是引导型病毒。

（2）认真检查在操作系统中有无第三方磁盘管理软件在运行；设备管理器中对 IDE 通道的设置是否恰当。

（3）是否开启了不恰当的服务。在这里要注意的是，ATA 驱动在有些应用下可能会出现异常，建议将其卸载后查看异常现象是否消失。

6．硬盘性能检查

当加电后，如果硬盘声音异常、根本不工作或工作不正常时，应检查一下电源是否有问题、数据线是否有故障、BIOS 设置是否正确等，然后再考虑硬盘本身是否有故障。

应使用相应硬盘厂商提供的硬盘检测程序检查硬盘是否有坏道或其他可能的故障。

（1）使用 Windows 磁盘检测工具：CHKDSK。Windows XP 自带的 CHKDSK 磁盘检测工具可以对硬盘驱动器进行快速的扫描和修复磁盘中被破坏的数据。在 Windows 操作系统中，首先打开"我的电脑"，用鼠标右键点击想要扫描的驱动器的图标，选择"属性"选项，接着选择要检查的选项，如图 8-24 所示。单击"Start"按钮就可以开始检查了。

如果要对硬盘进行快速地测试或扫描，那么 Windows 提供的 CHKDSK 工具就可以满足要求了。事实上，很多商业的磁盘诊断工具也是调用 Windows 系统自带的 CHKDSK 来完成任务的。

（2）使用硬盘厂家提供的工具。迈拓、希捷科技等主要硬盘制造商都提供了相应的硬盘诊断软件。这些诊断软件通常有两个特点：

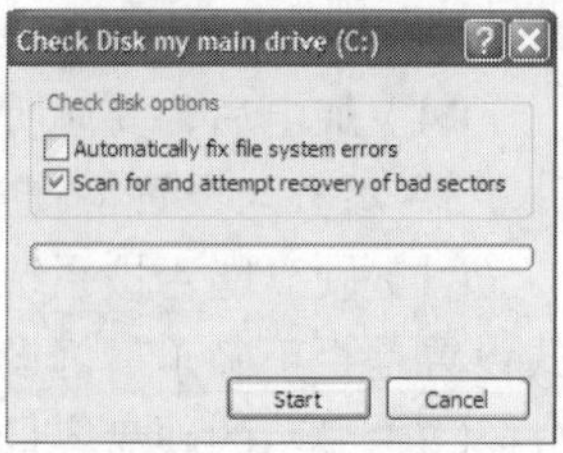

① 功能非常齐全、并且非常高效；

② 操作难度高。这些软件有迈拓公司的 Powermax、希捷科技的 Seatools、西部数据的 Data Lifeguard Diagnostics 等。

图 8-24 磁盘检测

在几大硬盘制造商中，只有西部数据公司的 Data Lifeguard Diagnostics 工具可以运行在 Windows 环境下，并且可以对其他厂家的硬盘进行诊断。与此同时，使用 Data Lifeguard Diagnostics

对硬盘进行错误检查、表面扫描以及 SMART 诊断都非常方便。

首先安装并运行该软件，如图 8-25 所示。

在运行界面中，显示了所有可以用的物理和逻辑磁盘，用鼠标双击要检查的磁盘图标，弹出图 8-26 所示的对话框。

其中的"Quick Test"选项将对磁盘中的文件和文件夹进行基本的一致性检查；"Extended Test"将对磁盘的表面进行扫描；"Write Zeros"将快速、完全地删除磁盘中的数据；"View Test Result"可以显示诊断结果。

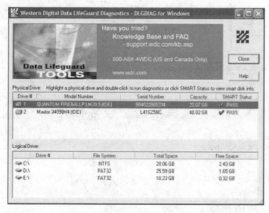

图 8-25　Data Lifeguard Diagnostics

图 8-26　选项设置

（二）光盘驱动器故障

1．光驱连接检查

（1）光驱上的 ID 跳线是否正确，它应与连接在线缆上的位置匹配。

（2）连接光驱的数据线是否接错或接反。

（3）光驱连接线是否有破损或硬折痕。可通过更换连接线检查。

（4）光驱连接线类型是否与光驱的技术规格要求相符。

（5）光驱电源是否已正确连接，不应有过松或插不到位的现象。

2．光驱检查

（1）光驱的检查，应用光驱替换软件最小系统中的硬盘进行检查判断。且在必要时，移出机箱外检查。检查时，用一张可启动的光盘来启动，以初步检查光驱的故障。如不能正常读取，则在软件最小系统中检查。

（2）对于读盘能力差的故障，先考虑防病毒软件的影响，然后用随机光盘进行检测，如故障复现，可更换维修，否则根据用户的需要及所见的故障进行相应的处理。

（3）检查设备管理器中的设置是否正确，IDE 通道的设置是否正确。必要时卸载光驱驱动重启，以便让操作系统重新识别。

四、工程经验

1．硬盘检测不到，无法识别硬盘

用户可按照图 8-27 所示的流程进行实际故障排除。

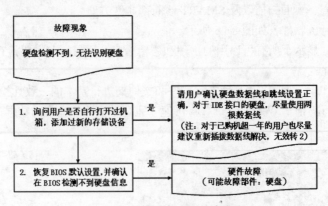

图 8-27　硬盘检测不到故障排除

2. 存储的文件丢失或损坏、读数据死机、数据报错、经常性死机

用户可按照图 8-28 所示的流程进行实际故障排除。

3. 硬盘丢失分区，盘符丢失或更改

用户可按照图 8-29 所示的流程进行实际故障排除。

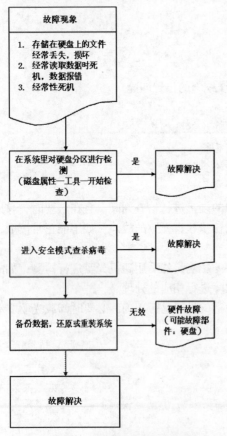

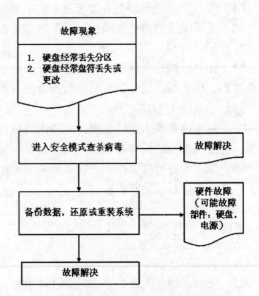

图 8-28　数据读取错误故障排除　　　　图 8-29　硬盘丢失分区故障排除

4. 光驱盘符，盘标丢失或被更改

用户可按照图 8-30 所示的流程进行实际故障排除。

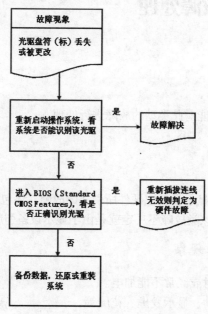

图 8-30　光驱盘符丢失故障排除

五、典型案例

1. 案例一

问题描述：用户的台式机由于长时间系统和数据未进行维护，系统启动和运行都比较慢，将 C 盘上的重要数据复制到 D 盘，之后运行联想的系统恢复软件，将隐藏分区里的 Windows XP 系统复制到 C 盘上。约十分钟即可恢复完毕，再次重新启动，正常进入 Windows XP 系统。但是进入系统后，发现原来用 PM 划分的扩展分区不见了，大量的数据资料都在扩展分区中，如何解决？

解决方案：系统重新启动后找不到扩展分区，可能是进行系统恢复时破坏了原来的硬盘分区表。尝试使用软件 Diskman，进入 MSDOS，运行 Diskman，首先警告说分区表有误，Diskman 虽然仍然把硬盘识别成两个分区，但它还有重新检测分区表的功能。重新检测分区表有全自动和交互两种方式，选择后者，Diskman 就开始逐柱面检测硬盘上原已存在的分区表。过了很长的时间，原有的三个分区包括联想系统恢复软件隐藏的备份分区都被检测了出来，保持分区格式，一切正常。

2. 案例二

问题描述：一名用户光驱过保，该用户自行购买光驱，据用户称在市场上购买光驱时进行测试，光驱没有任何问题，测试的数据盘和 VCD 等光盘都可以正常读出，但是回到家加装光驱后，开机进入系统，所有放入光驱中的碟片在驱动器的盘符上都只显示 CD 样的标记。用户回到购买处将光驱安装到测试机器上，问题复现。

解决方案：经过检查发现，光驱的数据接口上一根数据线发生了弯曲，导致驱动器中数据无法正常识别。将数据线轻轻弄直后，故障排除。

任务四　显示类故障处理

一、任务分析

能正确判断显示类故障并能对此类型的故障进行处理。

二、相关知识

显示类故障不仅包含由于显示设备或硬件所引起的故障，还包含有由于其他硬件不良所引起的在显示方面不正常的现象，该类故障不一定就是由于显示设备引起的，应全面进行观察和判断。

（一）可能出现的故障现象

1. 开机无显、显示器有时或经常不能加电。
2. 显示偏色、抖动或滚动、显示发虚、花屏等。
3. 在某种应用或配置下花屏、发暗（甚至黑屏）、重影、死机等。
4. 屏幕参数不能设置或修改。
5. 亮度或对比度不可调或可调范围小、屏幕大小或位置不能调节或范围较小。
6. 休眠唤醒后显示异常。
7. 显示器异味或有声音。

（二）可能涉及的硬件

显示器、显示卡及其设置；主板、内存、电源，及其他相关硬件。特别要注意计算机周边其他设备及地磁对计算机的干扰。

三、任务实施

（一）环境检查

1. 市电检查
检查市电电压是否在 220V ± 10%、50Hz 或 60Hz；市电是否稳定。
2. 连接检查
（1）显示器与主机的连接是否牢固、正确（特别注意：当有两个显示端口时，是否连接到正确的显示端口上）；电缆接头的针脚是否有变形、折断等现象，应注意检查显示电缆的质量是否完好。
（2）显示器是否正确连接上市电，其电源指示是否正确（是否亮及颜色）。
（3）显示设备的异常，是否与未接地线有关。

3．周边及主机环境检查

（1）检查环境温、湿度是否与使用手册相符（如钻石珑管，要求的使用温度为 18～40℃）。

（2）显示器加电后是否有异味、冒烟或异常声响（如爆裂声等）。

（3）显示卡上的元器件是否有变形、变色，或升温过快的现象。

（4）显示卡是否插好，可以通过重插、用橡皮或酒精擦拭显示卡（包括其他板卡）的金手指部分来检查；主机内的灰尘若较多，应进行清除。

（5）周围环境中是否有干扰物存在（这些干扰物包括：日光灯、UPS、音箱、电吹风机、相距过近的其他显示器，及其他大功率电磁设备、线缆等）。注意显示器的摆放方向也可能由于地磁的影响而对显示设备产生干扰。

（6）对于偏色、抖动等故障现象，可通过改变显示器的方向和位置，检查故障现象能否消失。

4．其他检查及注意事项

（1）主机加电后，是否有正常的自检与运行的动作（如有自检完成的鸣叫声、硬盘指示灯不停闪烁等），如有，则重点检查显示器或显示卡。

（2）禁止带电搬动显示器，在断电后的一段时间内（1～2min）也最好不要搬动显示器。

（二）故障判断要点

1．调整显示器与显示卡

（1）通过调节显示器的 OSD 选项，最好是恢复到 RECALL（出厂状态）状态来检查故障是否消失。对于液晶显示器，需按一下 Autoconfig 按钮。

（2）显示器的参数是否调得过高或过低。

（3）显示器各按钮是否正常，调整范围是否偏移显示器的规格要求。

（4）显示器的异常声响或异常气味，是否超出了显示器技术规格的要求（新显示器刚用时，会有异常的气味；刚加电时由于消磁的原因而引起的响声、屏幕抖动等，这些都属正常现象）。

（5）显示卡的技术规格是否可用在主机中（如 AGP2.0 卡是否可用在主机的 AGP 插槽中等）。

2．BIOS 配置调整

（1）BIOS 中的设置是否与当前使用的显示卡类型或显示器连接的位置匹配（即是用板载显示卡、还是外接显示卡；是 AGP 显示卡还是 PCI 显示卡）。

（2）对于不支持自动分配显示内存的板载显示卡，需检查 BIOS 中显示内存的大小是否符合应用的需要。

下面介绍的检查方法应在软件最小系统下进行。

3．检查显示器或显示卡的驱动

（1）显示器或显示卡的驱动程序是否与显示设备匹配、版本是否恰当。

（2）显示器的驱动是否正确，如果有厂家提供的驱动程序，最好使用厂家的驱动。

（3）是否加载了合适的 DirectX 驱动（包括主板驱动）。

（4）如果系统中装有 DirectX 驱动，可用其提供的 Dxdiag.exe 命令检查显示系统是否有故障。该程序还可用来对声卡设备进行检查。

4．显示属性、资源的检查

（1）在设备管理器中检查是否有其他设备与显示卡有资源冲突的情况，如有，则先去除这些冲突的设备。

（2）显示属性的设置是否恰当（如不正确的监示器类型、刷新速率、分辨率和颜色深度等，会引起重影、模糊、花屏、抖动、甚至黑屏的现象）。

5．操作系统配置与应用检查

（1）系统中的一些配置文件（如"System.ini"文件）中的设置是否恰当。

（2）显示卡的技术规格或显示驱动的功能是否支持应用的需要。

（3）是否存在其他软、硬件冲突。

6．硬件检查

（1）当显示调整正常后，应逐个添加其他硬件，以检查是何硬件引起显示不正常。

（2）通过更换不同型号的显示卡或显示器，检查是否存在它们之间的匹配问题。

（3）通过更换相应的硬件来检查是否由于硬件故障引起显示不正常（建议的更换顺序为：显示卡、内存、主板）。

四、工程经验

1．进入系统桌面显示就黑屏，显示器黑屏后提示超出"频率范围"

用户可按照图 8-31 所示的流程进行实际故障排除。

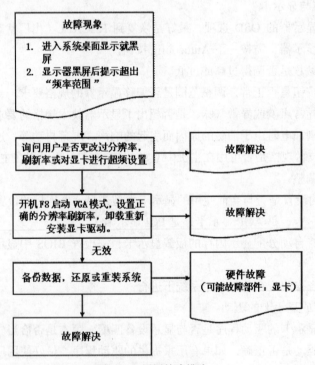

图 8-31　黑屏故障排除

2．显示器内有异味、显示器内打火、显示器内异响

用户可按照图 8-32 所示的流程进行实际故障排除。

3．花屏、重影、模糊

用户可按照图 8-33 所示的流程进行实际故障排除。

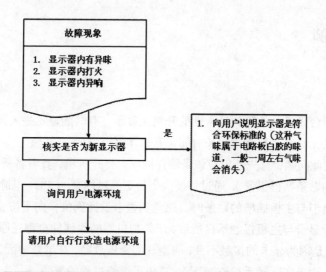

图 8-32　显示器故障排除

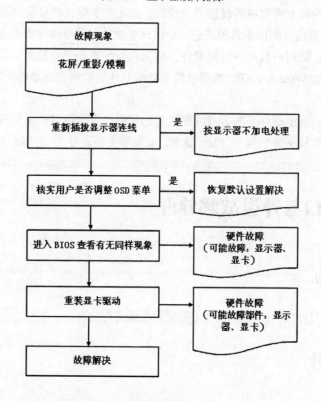

图 8-33　花屏/重影故障排除

五、典型案例

1. 案例一

问题描述：一部台式机，故障为经常性的开机无显示，有时能显示进入系统，但使用 1～2h 会出现死机，重启又无显示，只有过很长时间再开机才可以显示。

解决方案：碰到此问题，首先断定应该是硬件问题。打开机箱，查看各板卡并无松动（注意：显卡与主板插槽上的贴条粘得很紧），通过替换法先后更换过内存、CPU、电源，均不能解决问题，再替换主板，拆撕显卡与主板插槽的贴条时，感觉到显卡没插到位，向下按，还能再进去一点，此时怀疑可能是由于显卡与主板接触不良所致，于是把机器的原硬件全都还原，试机后一切正常。

总结：此案例就是因为显卡的接触不良，而造成的奇怪故障，在维修中因为检测时的疏漏（只查看显卡是否插紧，而未实际动手检查一下），造成了维修过程的繁琐。

2. 案例二

问题描述：一部台式机，用户称每次启动都无法进入 Windows XP，光标停留在屏幕左上角闪动，死机，但安全模式可以进入。

解决方案：怀疑为显卡或监视器设置不当所致，进入安全模式把显示分辨率设为 800×600 像素，颜色设为 16 色，重启后能以正常模式进入，但只要改动一下分辨率或颜色，机器就不能正常启动；察看机器内部，除用户自加一块网卡外，别无其他配置。怀疑是网卡与显卡发生了冲突，拔掉网卡后能正常启动 Windows XP。给网卡换个插槽，开机检测到新硬件，加载完驱动后启动，结果一切正常。

总结：由于显卡与其他硬件不兼容或冲突造成的死机，完全可以先采用最小系统化的方法来测试（最小系统化法即只保留主板、CPU、显卡、电源等主要硬件），先排除主要的硬件，再逐一检测其他扩展卡。

任务五 端口与外设故障处理

一、任务分析

能正确判断端口与外设的故障并能对此类型的故障进行处理。

二、相关知识

端口与外设的故障现象与维修准备

端口与外设类故障主要涉及串并口、USB 端口、键盘、鼠标等设备的故障。

1．可能的故障现象

（1）键盘工作不正常、功能键不起作用。

（2）鼠标工作不正常。

（3）不能打印或在某种操作系统下不能打印。

（4）外部设备工作不正常。

（5）串口通信错误（如传输数据报错、丢数据、串口设备识别不到等）。

（6）使用 USB 设备不正常（如 USB 硬盘带不动、不能接多个 USB 设备等）。

2．维修前的准备

（1）准备相应端口的短路环测试制具。

（2）准备测试程序 QA、AMI 等。

（3）准备相应端口使用的电缆线，如并口、打印机线、串口线、USB 线等。

三、任务实施

（一）环境检查

（1）连接及外观检查。

① 设备数据电缆接口是否与主机连接良好、针脚是否有弯曲、缺失、短接等现象。

② 对于一些品牌的 USB 硬盘，最好使用外接电源以使其更好的工作。

③ 连接端口及相关控制电路是否有变形、变色现象。

④ 连接用的电缆是否与所要连接的设备匹配。

（2）外设检查。

① 外接设备的电源适配器是否与设备匹配。

② 检查外接设备是否可加电（包括自带电源和从主机信号端口取电）。

③ 如果外接设备有自检等功能，可先行检验其设备是否完好；也可将外接设备接至其他机器检测。

（二）故障判断要点

（1）尽可能简化系统，无关的外设先去掉。

（2）端口设置检查（BIOS 和操作系统两方面）：

① 检查主板 BIOS 设置是否正确，端口是否打开，工作模式是否正确。

② 通过更新 BIOS、更换不同品牌或不同芯片组主板，测试是否存在兼容问题。

③ 检查系统中相应端口是否有资源冲突。接在端口上的外设驱动是否已安装，其设备属性是否与外接设备相适应。在设置正确的情况下，检测相应的硬件，如主板等。

④ 对于串、并口等端口，须使用相应端口的专用短路环，配以相应的检测程序（推荐使用 AMI）进行检查。如果检测出有错误，则应更换相应的硬件。

⑤ 检查在一些应用软件中是否有不当的设置，导致一些外设在此应用下工作不正常。例如：在一些应用下，若设置了不当的热键组合，则会使某些键不能正常工作。

（3）检查设备及驱动程序。

① 驱动重新安装时优先使用设备自带的驱动。

② 检查设备软件设置是否与实际使用的端口相对应，如 USB 打印机要设置 USB 端口输出。

③ USB 设备、驱动、应用软件的安装顺序严格按照使用说明操作。

④ 外设的驱动程序，最好使用较新的版本，可到厂商的官方网站上去升级。

四、工程经验

1. USB 设备灯能亮，但不提示找到新硬件

用户可按照图 8-34 所示的流程进行实际故障排除。

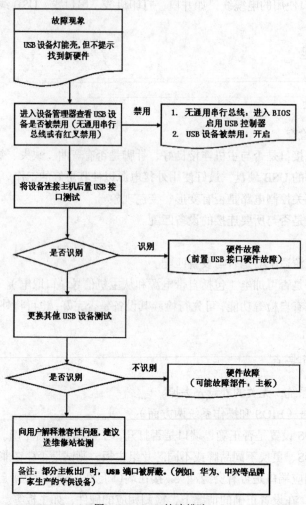

图 8-34　USB 故障排除

2. 串口、并口设备使用异常

用户可按照图 8-35 所示的流程进行实际故障排除。

3. USB 设备使用异常、插拔 USB 设备时蓝屏或死机

用户可按照图 8-36 所示的流程进行实际故障排除。

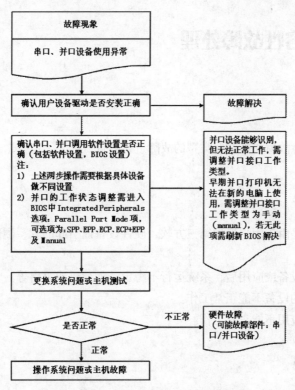

图 8-35 串口、并口设备使用异常故障排除

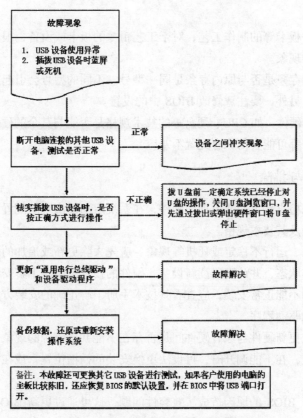

图 8-36 USB 设备使用异常故障排除

任务六　兼容性故障处理

一、任务分析

能正确判断兼容性故障并能对此类型的故障进行处理。

二、相关知识

兼容性故障主要是由于用户追加第三方软、硬件设备而引起的软、硬件故障。常见的故障现象有：

（1）加装用户的设备或应用后，系统运行不稳定，如死机或重启等。

（2）用户所加装的设备不能正常工作。

（3）用户开发的应用不能正常工作。

三、任务实施

（一）环境检查

（1）检查外加设备板卡等的制作工艺，对于工艺粗糙的板卡或设备，很容易引起黑屏、电源不工作、运行不稳定的现象。

（2）检查追加的内存条是否与原内存条是同一型号。不同的型号会引起兼容问题，造成运行不稳定、死机等现象。另外，要注意修改 BIOS 中的设置。

（3）更新或追加的硬件，如 CPU、硬盘等的技术规格是否能与其余的硬件兼容。过于新的硬件或规格较旧的硬件，都可能会与原有配置不兼容。

（二）故障判断与排除

（1）开机后应首先检查新更换或追加的硬件，在系统启动前出现的配置列表中能否出现。如果不能，应检查其安装及其技术规格。

（2）如果造成无显、运行不稳定或死机等现象，应先去除更新或追加的硬件或设备，看系统是否恢复到正常的工作状态，并认真研读新设备、硬件的技术手册，了解安装与配置方法。

（3）外加的设备如不能正常安装，应查看其技术手册了解正确的安装方法、技术要求等，并尽可能使用最新版本的驱动程序。

（4）检查新追加或更新硬件与原有硬件间是否存在不能共享资源的现象，即调开相应硬件的资源检查故障是否消失，在不能调开时，可设法更换安装的插槽位置，或在 BIOS 中更改资源的分配方式。

（5）检查是否由于 BIOS 的原因造成了兼容性问题，这可通过更新 BIOS 来检查（注意：不一定是最新版或更高版本，可以降低版本检查）。

（6）查看追加的硬件上的跳线设置是否恰当，并进行必要的设置修改。

（7）对于使用较旧的板卡或软件，应注意是否由于速度上的不匹配而引起工作不正常。

（8）通过更改系统中的设置或服务，来检查故障是否消失。如电源管理服务、设备参数修改等。

课后习题

一、选择题

1. 由于运行环境不符合要求或操作人员的操作不当而引起的部件故障是（　　）。

    A. 人为故障   B. 疲劳性故障

    C. 外界干扰故障   D. 器件故障

2. 计算机在某个时刻出现死机现象，而且难以确定故障，此时，应该采取（　　）解决最为有效。

    A. 逐步添加/去除法   B. 替换法

    C. 比较法   D. 敲打法

3. AMI BIOS 声音代码（　　）短声表示内存刷新失败。

    A. 1   B. 2   C. 3   D. 4

4. 在插拔内存条时，一定要拔去主机的电源插头，这样操作的原因是（　　）。

    A. 防止触电

    B. 防止主板带电，损坏内存条

    C. 防止静电造成内存条的损坏

    D. 防止使用 STR 功能时内存条带电

5. 开机后，机箱内连续发出"滴滴"响声，只要打开机箱，把（　　）取下来重新插好可能就能排除故障。

    A. CPU   B. 显卡   C. 内存条   D. 电源

二、实训题

1. 分析下列故障产生的原因：

① 加电后，系统无任何反应（无报警、无显示）。

② 加电后，系统出现连续报警音。

③ 加电后，系统提示一声短声。

2. 计算机自检时显示 "Primary master hard disk fail"，然后出现死机的症状，试分析故障的原因。

3. 开机后计算机显示器指示灯显示正常，但屏幕上没有图像，硬盘指示灯亮，通过系统启动的声音判断，操作系统已经启动，试排除该故障。

4. 在启动计算机时，出现 "Keyboard Error, please press F1 to Continue" 提示，试分析故障的原因。

5. 开机后，光驱对应的盘符丢失（即找不到光驱），试排除该故障。

第 9 章

系统的优化与维护

计算机在长时间使用以后，安装在计算机中的软件会越来越多，导致开机速度大大降低。此外，系统中还会出现很多垃圾文件，而且磁盘上的文件和空间也会变得零散，伴随而来的是操作系统的臃肿和运行缓慢。因此，在使用计算机的过程中，需要用户定期对操作系统进行优化和维护，进而保证计算机的正常运行。

任务一　使用 Windows 优化大师进行系统优化

一、任务分析

使用优化软件 Windows 优化大师，减少不必要的系统加载项及自启动项。

尽可能减少计算机执行的进程，删除不必要的中断可以使计算机运行更有效，数据读写更快，并能空出更多的系统资源供用户支配。

二、相关知识

Windows 优化大师是一款功能强大的系统工具软件，它提供了全面有效且简便安全的系统检测、系统优化、系统清理、系统维护等功能模块及附加的工具软件。使用 Windows 优化大师，能够有效地帮助用户了解自己的计算机软硬件信息；简化操作系统设置步骤；提升计算机运行效率；清理系统运行时产生的垃圾；修复系统故障及安全漏洞；维护系统的正常运转。

系统优化模块包括磁盘缓存优化、桌面菜单优化、文件系统优化、网络系统优化、开机速度优化、系统安全优化、系统个性设置和后台服务优化等 8 个大类。向用户提供系统优化设置服务，让用户拥有一个高效、快速的系统，同时提供了一些有效的小工具，帮用户解决系统优化过程中的问题。

三、任务实施

（一）磁盘缓存优化

在不同的操作系统（Windows 2000/XP/Server 2003/Vista/7）下，Windows 优化大师会自动识别操作系统，向用户提供适合当前操作系统的选项。

1. 打开选项卡

启动 Windows 优化大师，在左侧的导航栏中，选择"系统优化"下的"磁盘缓存优化"选项，如图 9-1 所示。

（1）输入/输出缓存大小。输入输出系统是设备和 CPU 之间传输数据的通道，当扩大其缓存大小时数据传递将更为流畅。但是，过大的输入输出缓存将耗费相同数量的系统内存，因此具体设置多大的尺寸要视计算机物理内存的大小和运行任务的多少来定。一般来说，如果内存有256MB 内存可设为 16MB 或 32MB；512MB 内存可设为 64MB；如果有更多内存，还可将其设为128MB。

用鼠标或键盘调整上面的滑块，当调整到适合当前系统的大小时 Windows 优化大师将在滑块左上方给出"推荐"提示。如果您在设置后不满意，也可以将滑块调整到"Windows2000/XP/Server 2003/Vista 自动配置"后单击优化按钮将其恢复到 Windows2000/XP/Server 2003 默认的大小（即由 Windows2000/XP/Server 2003/Vista 自动配置）。

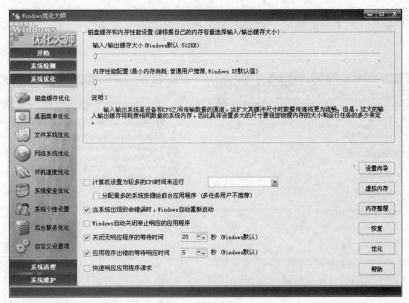

图 9-1　磁盘缓存优化

（2）内存性能配置。该项有以下 3 种选择配置：

① 最小内存消耗。适合大多数普通用户，台式机推荐；

② 最大网络吞吐量。适合网络服务器用户，服务器推荐；

③ 平衡。适合兼顾平时本机应用程序和网络吞吐量的用户，不推荐。

（3）计算机设置为较多的 CPU 时间来运行应用程序或者后台服务。该项对于普通用户建议选择为应用程序，对于服务器用户请选择后台服务。

分配最多的系统资源给前台应用程序：本选项仅在 Windows XP 下有效。适合于通常同时只运行一个应用程序或游戏的用户，经常同时进行多任务操作的用户请勿选择。

（4）当系统出现致命错误时，Windows 自动重新启动。虽然 Windows 已经很少出现蓝屏死机的现象了，但是还是有可能发生，该选项将在出现这种情况时，自动重新启动。可以选择。

（5）Windows 自动关闭停止响应的应用程序。选中该项则当 Windows 诊测到某个应用程序已经停止响应时可以自动关闭它。建议选择。

（6）缩短关闭无响应程序的等待时间。选择此项可强制 Windows 立即关闭无响应的应用程序，建议选择。

用户可根据本机的实际性能进行调节，使系统到达最好的磁盘缓存和内存工作状态，调整完成后点击"优化"按钮，保存您的设置。

2．利用"设置向导"

Windows 优化大师将帮助用户完成对磁盘缓存或内存的优化。单击"设置向导"按钮，打开"磁盘缓存设置向导"对话框，单击"下一步"按钮，开始磁盘缓存设置。

3．选择计算机类型

根据实际情况选择计算机类型，无特殊情况的一般用户选择"Windows 标准用户"，单击"下一步"按钮，如图 9-2 所示。

4．优化

优化大师根据上一步所选择的计算机类型，给出相应的优化建议，如图 9-3 所示。单击"下一步"按钮。

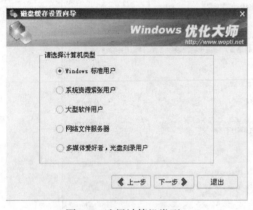
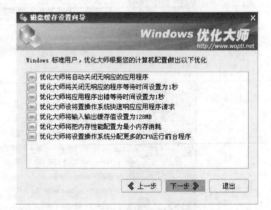

图 9-2　选择计算机类型　　　　　　　　图 9-3　缓存优化

5．完成

在弹出的对话框中，单击"完成"按钮，完成磁盘缓存设置向导，如图 9-4 所示。

在完成磁盘缓存设置向导后，Windows 优化大师会给出图 9-5 所示的提示，单击"确定"按钮即可。

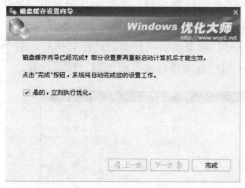

图 9-4　完成缓存设置向导

图 9-5　"提示"对话框

如果想把磁盘缓存恢复到 Windows 默认设置，可单击图 9-1 中的"恢复"命令按钮，弹出提示窗口，询问是否要恢复到 Windows 默认设置，单击"确定"按钮，即可恢复到 Windows 的默认设置。

（二）桌面菜单优化

很多时候，针对菜单速度的优化给用户的感觉是最明显的。

1. 打开选项卡

在左侧的导航栏中，选择"系统优化"下的"桌面菜单优化"选项，如图 9-6 所示。

（1）开始菜单速度的优化可以加快开始菜单的运行速度，建议将该项调整到最快速度。

（2）菜单运行速度的优化可以加快所有菜单的运行速度，建议将该项调整到最快速度。

（3）桌面图标缓存的优化可以提高桌面上图标的显示速度，该选项是设置系统存放图标缓存的文件最大占用磁盘空间的大小。Windows 允许的调整范围为 100～4096KB，系统默认为 500KB。

（4）关闭菜单动画效果，建议选择。

（5）关闭平滑卷动效果，建议选择。

（6）加速 Windows 刷新率。该项实际上是让 Windows 具备自动刷新功能，建议选择。但在 Windows Vista 下 Windows 优化大师不提供该选项。

（7）关闭开始菜单动画效果将关闭"单击从这里开始"的动画提示，建议选择。

（8）关闭动画显示窗口、菜单和列表等视觉效果。此选项的功能说明如下：

对于 Windows XP/Server 2003/Vista/7，Windows 优化大师除关闭动画显示窗口、菜单和列表和淡入淡出的视觉效果以外，还将关闭菜单阴影效果和拖动时显示窗体内容。建议选择此项目以节省宝贵的系统资源。

（9）启动系统时为桌面和 Explorer 创建独立的进程。在默认情况下，Windows 创建一个多线程的 Explorer 进程（其中包括桌面、任务栏等），这样当其中之一崩溃时都将导致其他所有线程的崩溃，选择此项将为桌面、任务栏等创建独立的进程。Windows 2000/XP/Server 2003/Vista/7 用户可以选择该项来进一步提高系统的稳定性。

（10）禁止系统记录运行的程序、使用的路径和用过的文档。选中此项后将阻止系统记录程序运行、目录跟踪以及文档开启的消息，从而进一步提升系统性能。建议手动选择此项并进行优化。

（11）让 Windows 使用传统风格的开始菜单和桌面以节省资源开销。此选项对 Windows

XP/Vista 系统有效。选择此项后将禁用 Windows XP/Vista 各自独有风格的开始菜单和桌面，而使用类似 Windows 2000 的传统风格开始菜单和桌面。建议习惯传统风格的用户选择此项。

（12）当 Windows 用户界面或其中组件异常时自动重新启动界面。选择此项后，当 Windows 用户界面或其中某一组件出现错误时，Windows 用户界面将自动重新加载，建议选择。

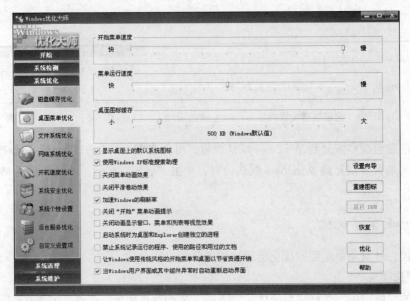

图 9-6　桌面菜单优化

修改完成后，单击"优化"按钮，进行保存。

2．利用"设置向导"

Windows 优化大师将帮助用户完成对桌面菜单的优化设置。单击"设置向导"按钮，打开"桌面优化设置向导"对话框，单击"下一步"按钮，开始桌面优化设置。

3．优化

根据需要，选择"最佳外观设置"或选择"最高性能设置"选项，单击"下一步"按钮。

优化大师根据上一步的选择，自动生成最佳的优化方案，如图 9-7 所示。单击"下一步"按钮。

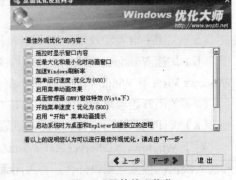

图 9-7　最佳外观优化

4．完成

在出现的对话框中，单击"完成"按钮，完成桌面优化设置向导。

在完成桌面优化设置向导后，Windows 优化大师会给出图 9-8 所示的提示，单击"确定"按钮即可。

图 9-8　提示对话框

如果要将桌面优化设置恢复到 Windows 默认设置，可单击图 9-6 中的"恢复"按钮，弹出提示对话框，单击"确定"按钮即可。

（三）文件系统优化

1. 打开选项卡

　　在左侧的导航栏中，选择"系统优化"下的"文件系统优化"选项，如图 9-9 所示。

　　（1）二级数据高级缓存：CPU 的处理速度要远大于内存的存取速度，而内存又要比硬盘快得多，这样 CPU 与内存之间就形成了影响性能的瓶颈。CPU 为了能够迅速从内存获取处理数据设置了缓冲机制，即二级缓存（L2 Cache）。Windows 系统在从 CPU 的二级缓存（L2 Cache）读取数据失败后，还会通过操作系统设置的二级数据缓存中读取数据。调整这个选项能够使 Windows 更好地配合 CPU 并充分利用操作系统的二级缓存机制获得更高的数据预读命中率。Windows 优化大师能够自动检测用户的 CPU 并推荐最适合当前系统的缓存大小，用户只需将滑块移动到推荐位置即可。

　　（2）CD/DVD-ROM 优化：拖动滑块，对计算机所使用的 CD/DVD-ROM 进行优化，一般将滑块移动到推荐位置即可。

　　（3）优化 NTFS 性能，禁止更新最近访问日期标记。当 Windows 2000/XP/Server 2003/Vista/7 访问一个位于 NTFS 卷上的目录时，会更新其检测到的每一个目录的最近访问日期标记。如果存在大量的目录将会影响系统的性能，此时就要使用此选项将禁止操作系统更新目录的最近访问日期标记，以达到提高系统速度的目的。

　　（4）优化 NTFS 性能，禁止创建 MS-DOS 兼容的 8.3 文件名。在 NTFS 分区上创建 MS_DOS 兼容的 8.3 格式文件名将会影响 NTFS 文件系统的速度，建议使用 NTFS 文件系统的 Windows 2000/XP/Server 2003/Vista/7 用户选择此项。

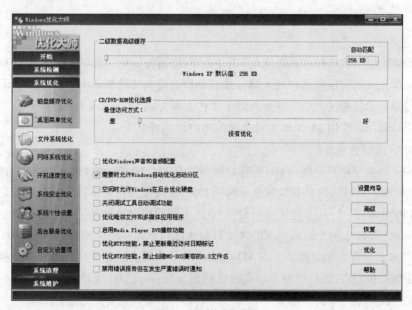

图 9-9　文件系统优化

　　修改完成后，单击"优化"按钮，进行保存设置。

2. 利用"设置向导"

Windows 优化大师将帮助用户完成对文件系统的优化设置。单击"设置向导"按钮，打开"文件系统优化向导"对话框，单击"下一步"按钮，开始文件系统的优化设置。

3. 优化

根据计算机的具体情况进行选择，可以选择"最高性能设置"（默认），也可以选择"最佳多媒体设置"，在打开的对话框中单击"下一步"按钮。

优化大师会根据上一步的选择，自动生成最佳的优化方案，如图 9-10 所示。在打开的对话框中单击"下一步"按钮。

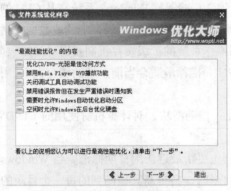

图 9-10　最高性能优化

4. 完成

在出现的对话框中，单击"完成"按钮，完成文件系统优化向导。

在完成文件系统优化向导后，Windows 优化大师会给出提示对话框，单击"确定"按钮即可。

（四）网络系统优化

1. 打开选项卡

在左侧的导航栏中，选择"系统优化"下的"网络系统优化"选项，如图 9-11 所示。

Windows 优化大师能根据用户的上网方式自动设置最大传输单元大小、传输单元内的最大数据段大小、传输单元缓冲区大小。共分为以下 7 种上网方式。

（1）调制解调器，使用 Modem 拨号上网的用户请选择此项。

（2）ISDN，即综合业务数字网。

（3）xDSL，即数字用户专线。DSL 包括对称型的 IDSL、HDSL、SDSL 以及非对称型的 ADSL、VDSL 等技术标准，目前国内只有少数企业采用 DSL 专线接入，大多数 ADSL 用户还是采用第 4 种方式（即 PPPoE 虚拟拨号）。建议使用 DSL 专线上网的用户选择此项。

（4）PPPoE，即以太网上的点对点协议。目前该接入方式广泛应用在 ADSL 接入方式中，即通过 PPPoE 技术和宽带调制解调器（如 ADSL Modem）实现高速宽带网的个人身份验证访问，为每个用户创建虚拟拨号连接，这样就可以高速连接到 Internet。因此，建议使用 PPPoE 接入的 ADSL 的用户选择此方式。

（5）Cable Modem，即通过 CATV 网络实现的数据共享接入方式。使用有线电视网络接入 Internet 的用户请选择此项。

（6）局域网或宽带，该项目提供给需要提升局域网性能的用户。目前，国内流行的小区宽带接入方式瓶颈不在使用者的系统，而在宽带供应商的出口上，因此，小区宽带用户要提升网速几乎不可能，而仅仅只能按局域网的方式进行优化以提高用户计算机到小区宽带节点的速度，这是由国内小区宽带的架构所决定的。

（7）其他。建议采用一些新的 Internet 接入方式（如无线上网等）的用户选择。

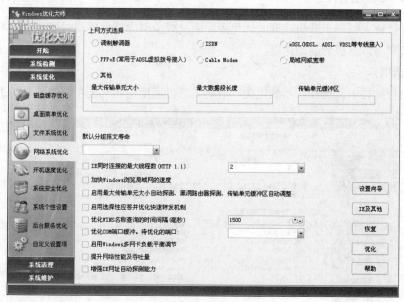

图 9-11　网络系统优化

设置完成后，单击"优化"按钮，进行保存设置。

2．利用"设置向导"

Windows 优化大师将帮助用户完成对网络系统的优化设置。单击"设置向导"按钮，打开"网络系统自动优化向导"对话框，指定上网方式，单击"下一步"按钮，开始网络系统优化设置。

3．优化

根据用户选择的上网方式，优化大师将自动生成优化方案，单击"下一步"按钮。

根据上一步的选择，优化大师生成了优化组合方案，按此方案进行网络系统的优化设置，如图 9-12 所示。单击"下一步"按钮。

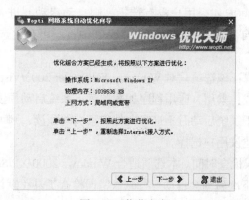

图 9-12　优化方案

4. 完成网络系统优化。

优化设置必须重新启动计算机后才能生效，在出现的优化完成对话框中，单击"退出"按钮，重启计算机使优化设置生效。

如果要将网络系统优化设置恢复到 Windows 默认设置，单击图 9-11 的"恢复"按钮即可。

（五）开机速度优化

Windows 优化大师对于开机速度的优化主要通过减少引导信息停留时间和取消不必要的开机自运行程序来提高计算机的启动速度。

1. 打开选项卡

在左侧的导航栏中，选择"系统优化"下的"开机速度优化"选项，如图 9-13 所示。

图 9-13　开机速度优化

（1）Windows XP 启动信息停留时间：拖动滑块可以调整 Windows XP 启动信息的停留时间。

（2）默认启动的操作系统：多操作系统用户在开机速度优化中还可以调整 Windows 默认启动顺序。例如：用户安装有 Windows XP 和 Windows Server 2003 两个操作系统，默认情况下，开机后系统在一定时间内如果用户没有选择，则自动启动并进入 Windows XP。如果用户希望系统在此情况下机器自动进入 Windows Server 2003，则可在此选择默认进入的操作系统为 Windows Server 2003。

（3）系统启动预读方式：该选项只对 Windows XP/Server 2003/Vista/7 有效。用户可以设置系统预读方式为以下 4 种方式：禁用、应用程序加载预读，系统启动预读或二者均预读。选择"应用程序加载预读"后，由于系统启动时不进行文件和索引的预读，则可能会减少系统启动滚动条滚动的次数或时间，因此建议用户选择。

（4）等待启动磁盘错误检查时间。本选项适合 Windows 2000/XP/Server 2003/Vista/7 用户。当 Windows 非正常关闭后，下次启动会自动运行磁盘错误检查工具（默认为 CHKDSK），在自动运行前，Windows 会等待一段时间便于用户确认是否要运行，默认为 10s。若需要修改等待时间，可选中此项后输入或选择要等待的秒数，单击"优化"按钮即可。

（5）用户在设置开机自启动程序时，可单击展开列表中的项目，Windows优化大师会显示与该程序相关的说明或建议。

2．完成

用户在确定要取消的开机自启动程序后，在该项目前的复选框内打上勾，然后单击"优化"按钮，即可清除该自启动程序。

需要注意的是，Windows优化大师在清除自启动项目时，对于清除的项目进行了备份，用户可以单击"恢复"按钮随时进行恢复。

（六）系统安全优化

为了弥补Windows系统安全性的不足，Windows优化大师还提供了增强系统安全的一些措施。

1．打开选项卡

在左侧的导航栏中，选择"系统优化"下的"系统安全优化"选项，如图9-14所示。

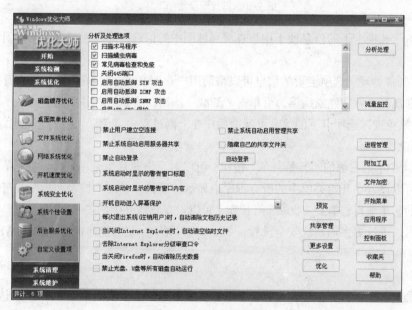

图9-14　系统安全优化

修改完成后，单击"优化"按钮，进行保存。

2．分析处理

单击"分析处理"按钮，优化大师将自动检查系统安全，并给出详细的安全检查报告，如图9-15所示。

3．单击"附加工具"按钮，弹出"系统安全附加工具"对话框，如图9-16所示。

（1）在"端口分析"选项卡中可以看到系统的端口使用情况，如果想断开某个程序，在选择该程序后单击"断开"按钮，将会结束该程序的进程。

（2）"端口说明"选项卡下的信息用于在"端口分析"中显示对应端口的描述信息。

图9-15　安全检查报告

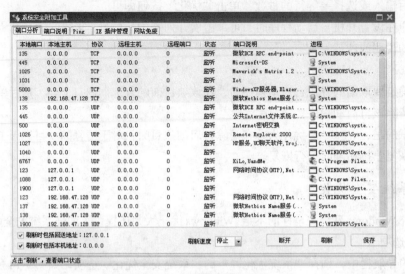

图 9-16　系统安全附加工具

（3）"ping"选项卡下的信息便于用户查看局域网中的信息，可以通过此功能找到局域网上的共享资源。

（4）"IE 插件管理"选项卡下的信息可以帮助用户管理 IE 插件，通过描述栏查看插件的详细信息。如果发现有恶意插件或病毒，可单击"卸载"按钮，将其卸载并删除。

（5）"网站免疫"选项卡下的信息可帮助用户在上网过程中避免误入一些恶意网站。

4．安全设置

在图 9-14 中单击右侧的"开始菜单"按钮，可以对系统的开始菜单进行设置；单击"应用程序"按钮，可以设置在开始菜单中的所有程序中显示的项目；单击"控制面板"按钮，可以设置控制面板中的显示项目；单击"收藏夹"按钮，可以设置收藏夹中的显示项目；单击"更多设置"按钮，用户可以进行更多的系统安全设置，如图 9-17 所示。此功能建议有经验的 Windows 用户使用。

5．完成

单击"确定"按钮，保存优化设置；单击"恢复"按钮，恢复到 Windows 的默认设置。

图 9-17　更多系统安全设置

（七）系统个性设置

系统个性设置由右键设置、桌面设置、其他设置 3 个部分组成。

1．打开选项卡

在左侧的导航栏中，选择"系统优化"下的"系统个性设置"选项，如图 9-18 所示。

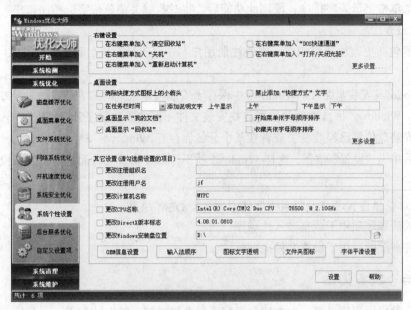

图 9-18　系统个性设置

2．右键设置

用于设置鼠标右键菜单，包括在右键菜单中加入清空回收站、加入关闭计算机和重新启动计算机、加入"DOS 快速通道"（该项仅对文件夹右键有效）等设置项目。

单击"更多设置"按钮进入右键菜单的设置窗口，用户可在此整理和设置更多的鼠标右键菜单，包括"新建菜单"、"发送到菜单"、"IE 浏览器"、"文件和文件夹"、"自定义右键"、"其他"等，如图 9-19 所示。

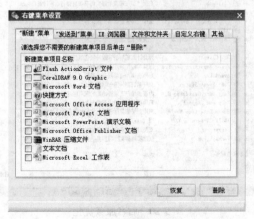

图 9-19　右键菜单设置

3. 桌面设置

该组设置选项的主要功能是设置与桌面相关的项目,包括消除桌面快捷方式图标上的小箭头;在创建快捷方式时禁止添加"快捷方式"文字信息;在任务栏的时间前或后面添加文字说明;在桌面显示"我的文档"、桌面显示"回收站"等项目。

开始菜单按字母顺序排序:使用此功能后,将对开始菜单按字母顺序排序。

收藏夹菜单按字母顺序排序:使用此功能后,将对收藏夹菜单按字母顺序排序。

4. 其他设置

其他设置包括更改注册组织名、更改注册用户名、更改计算机名称、更改 CPU 认证标志等项目。

更改 Windows 安装盘路径。Windows 中保存了安装操作系统时的安装盘位置,每次需要读取安装文件时,Windows 将自动到此位置寻找安装文件(例如驱动程序升级或安装网络协议时)。如果用户的安装盘位置已经改变(或者在某个分区保存有 Windows 安装盘的内容),就可以在此处进行更改后单击"设置"按钮,这样 Windows 就不再需要安装光碟而是直接到该位置读取安装盘的内容了。

(1)OEM 信息设置项可设置系统属性中的各项 OEM 信息。

(2)输入法顺序项用于调整输入法顺序。

(3)文件夹图标项用于设置文件夹图标。

(八)后台服务优化

服务是一种应用程序类型,它在后台运行,每个服务都有特定的权限。

1. 打开选项卡

在左侧的导航栏中,选择"系统优化"下的"后台服务优化"选项,如图 9-20 所示。

图 9-20 后台服务优化

根据服务的启动类型,可以分为"自动"、"手动"和"禁用"3 种。

（1）"自动"即启动系统时或首次调用服务时将自动启动这些服务。

（2）"手动"则在系统能够加载该服务前必须手工启动该服务，并使其可用。

（3）"禁用"，则无法自动或通过手工启动该服务。

Windows 2000/XP/Server 2003/Vista/7 运行时自动启动的服务中，一部分是 Windows 2000/XP/Server 2003/Vista/7 所必需的，还有一部分是可以停用或禁用的。

2．服务的具体信息

用户可以展开服务列表中的项目来进一步了解。

3．优化后台

为方便用户优化后台服务，Windows 优化大师提供了设置向导模块，通过此向导，用户可以方便地优化或恢复服务。

单击"设置向导"按钮，启动后台服务优化向导。在打开的对话框中单击"下一步"按钮，开始服务优化设置。

4．指定设置方式

根据使用计算机的情况，选择"自动设置"（默认），也可以选择"自定义设置"，单击"下一步"按钮。

优化大师会推荐服务优化方案，用户可以根据实际情况进行选择，如图 9-21 所示。单击"下一步"按钮，弹出对话框，列出用户所选择的优化服务项目，单击"下一步"按钮。

5．完成

在打开的对话框中，单击"完成"按钮，完成服务设置向导。

Windows 优化大师在提供系统优化功能的同时，还提供了系统检测、系统清理、系统维护等功能。其中，系统检测向用户提供系统的硬件、软件情况报告，同时提供的系统性能测试帮助用户了解计算机的 CPU 或内存的速度、显卡速度等。系统清理帮助用户清理系统，除去计算机内多余的"垃圾"，提高计算机

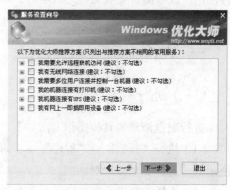

图 9-21　推荐方案

的运行速度。系统维护为用户提供了一些实用的功能，帮助用户检查或修复系统中存在的一些错误，让用户更有效的使用系统，同时还对用户的系统维护做了记录，可在系统维护日志中查看。

任务二　使用 Windows 自带工具进行系统优化

一、任务分析

除了 Windows 优化大师等优化工具之外，Windows 系统本身也自带了一些工具。通过 Windows 自带的系统优化工具对系统进行简单的优化。

二、相关知识

1. 磁盘清理

计算机在使用过程中会产生一些临时文件,软件在更新和卸载的过程中会产生一些垃圾文件。当用户对计算机进行了一些误操作时也会产生一些无用的文件,久而久之磁盘中就会出现大量的垃圾文件。这些垃圾文件通常不会占用太大的存储空间,但如果数量庞大,不仅会占用磁盘空间,也会使文件的读写速度变慢。因此,用户应定期进行磁盘清理。

2. 磁盘碎片整理

计算机系统在长时间使用过后会产生磁盘碎片,大量磁盘碎片的存在,不仅会使文件的读写速度变慢,也会影响硬盘的使用寿命。因此,用户应定期对磁盘进行碎片整理。

3. 卸载程序

用户在使用计算机的过程中,都会安装一些和自己工作或爱好相关的软件。如果这些软件不再使用,或者需要安装更新的版本时,都应先将这些软件进行卸载。

三、任务实施

(一)进行磁盘清理

进行磁盘清理的具体操作方法如下。

(1)执行"开始"—"程序"—"附件"—"系统工具"—"磁盘清理"命令,弹出图 9-22 所示的"选择驱动器"对话框。

(2)选择需要进行磁盘清理的驱动器,如"C:盘",单击"确定"按钮,打开图 9-23 所示的"磁盘清理"对话框。单击"确定"按钮,系统开始清理驱动器。

图 9-22 选择驱动器

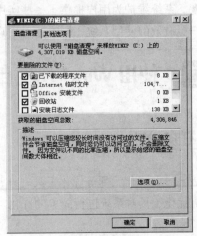

图 9-23 磁盘清理

（3）在"磁盘清理"对话框中，如果选择"其他选项"选项卡，会打开图 9-24 所示的界面。该界面共提供了 3 种选项，"Windows 组件"可以删除不用的 Windows 组件来释放磁盘空间；"安装的程序"可以删除不用的程序来释放磁盘空间；"系统还原"可以通过删除所有还原点来释放更多的磁盘空间。

（二）进行磁盘碎片整理

进行磁盘碎片整理的具体操作方法如下。

（1）执行"开始"—"程序"—"附件"—"系统工具"—"磁盘碎片整理程序"命令，弹出图 9-25 所示的对话框。

（2）选择驱动器，如"C：盘"，单击"分析"按钮，可以对该驱动器上的碎片情况进行分析，以决定是否有必要进行碎片整理。

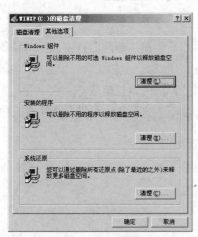

图 9-24　其他选项

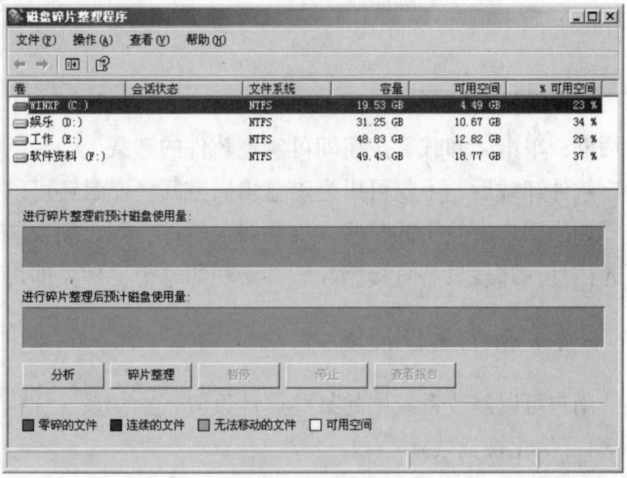

图 9-25　磁盘碎片整理

（3）分析完成后，打开图 9-26 所示的对话框，单击"查看报告"按钮可以查看系统磁盘碎片的分析情况，单击"碎片整理"按钮即开始进行碎片整理，如图 9-27 所示。

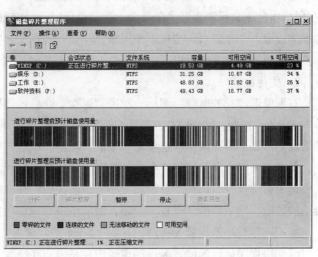

图 9-26　分析对话框

图 9-27　碎片整理

（三）卸载程序

卸载程序的具体操作方法如下。

（1）在"开始"菜单中选择"控制面板"选项，打开控制面板。

（2）双击"添加或删除程序"图标，弹出"添加或删除程序"窗口，如图 9-28 所示。

图 9-28　添加或删除程序

（3）选择要卸载的软件，如"Microsoft Visual C++…"，单击后面的"删除"按钮，弹出卸载对话框，单击"卸载"按钮即可实现软件的卸载。

软件卸载后，不仅可以为磁盘腾出空间，而且还可以提高计算机的运行速度。

如果用户所使用的某些软件是绿色软件，则无须安装即可使用。这些软件不需要在注册表中写入信息，卸载只需直接删除软件所在的整个文件夹即可。

（四）系统属性设置

用户可以修改系统中的某些属性设置，达到系统优化的目的。

1. 优化视觉效果

右键单击"我的电脑"图标，单击"属性"命令，切换至"高级"选项卡，在"性能"栏中单击"设置"按钮，打开图 9-29 所示的"性能选项"对话框。选择"视觉效果"选项卡，调整为最佳性能。也可以去掉一些不需要的功能，如"滑动任务栏按钮"、"为每种文件夹类型使用一种背景图片"、"在菜单下显示阴影"、"在单击后淡出菜单"、"在视图中淡入淡出或滑动工具条提示"、"在鼠标指针下显示阴影"、"在最大化和最小化时动画窗口"等复选框可取消选中。选中"平滑屏幕字体边缘"、"在窗口和按钮上使用视觉样式"、"在文件夹中使用常见任务"、"在桌面上为图标标签使用阴影"等项就可以了。

2. 优化性能

右键单击"我的电脑"图标，单击"属性"命令，切换至"高级"选项卡，在"性能"栏中，单击"设置"按钮，打开图 9-30 所示的"性能选项"对话框。选择"高级"选项卡，分别选中"处理器计划"和"内存使用"选项区域中的"程序"单选按钮。

单击"虚拟内存"区的"更改"按钮，弹出图 9-31 所示的"虚拟内存"对话框，在驱动器列表中选中系统盘符，选择"自定义大小"单选按钮，在"初始大小"和"最大值"文本框中设定合适的数值，然后单击"设置"按钮，最后单击"确定"按钮退出。

虚拟内存最小值设置为物理内存的 1.5～2 倍，最大值为物理内存的 2～3 倍。将数值适当设大可以加快程序运行速度，但设的虚拟内存是来回在硬盘上读写，会造成很多磁盘碎片，碎片一多又会进一步影响系统性能及稳定。现在计算机内存普遍为 2GB 或更高，所以一般的应用可以把虚拟内存设为 0，这样一来运行的程序都只会占用内存而不是硬盘上设的虚拟内存，计算机运行会更稳定。

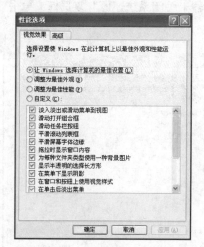

图 9-29　"性能选项"对话框

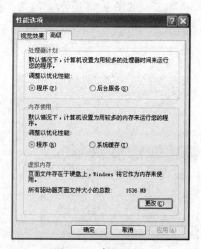

图 9-30　高级选项

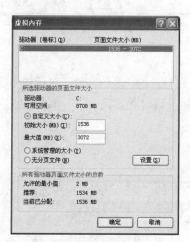

图 9-31　虚拟内存设置

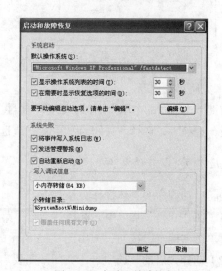

图 9-32　启动和故障恢复

3. 启动和故障恢复

右键单击"我的电脑"图标，选择"属性"菜单项，在打开的"系统属性"对话框中选择"高级"选项卡，在"启动和故障修复"区单击"设置"按钮，弹出"启动和故障恢复"对话框，如图 9-32 所示。在"系统失败"区中，取消选中"将事件写入系统日志"、"发送管理警报"、"自动重新启动"复选框；在"写入调试信息"下拉列表框中选择"无"选项；单击"编辑"按钮，弹出记事本文件。

将"[operating systems] timeout=30 //"中的"30"改写为"0"

4. 禁用错误报告

右键单击"我的电脑"图标，选择"属性"菜单项，在打开的"系统属性"对话框中选择"高级"选项卡，单击"错误报告"按钮，打开图 9-33 所示的对话框，选择"禁用错误汇报"单选按钮，勾选"但在发生严重错误时通知我"复选框，单击"确定"按钮完成操作。

5．关闭系统还原功能

右键单击"我的电脑"图标，选择"属性"菜单项，在打开的"系统属性"对话框中选择"系统还原"选项卡，如图 9-34 所示。勾选"在所有驱动器上关闭系统还原"复选框，单击"确定"按钮完成操作。

图 9-33　错误汇报

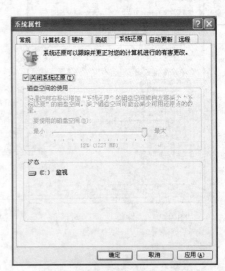

图 9-34　系统还原

6．关闭自动更新

右键单击"我的电脑"图标，选择"属性"菜单项，在打开的"系统属性"对话框中选择"自动更新"选项卡，选择"关闭自动更新"或选择"有可用下载时通知我……"单选按钮。

（五）关闭启动程序

关闭启动程序的具体操作方法如下。

（1）在"开始"菜单中，选择"运行"菜单项，在打开的"运行"对话框中输入"msconfig"命令，单击"确定"按钮，弹出图 9-35 所示的"系统配置实用程序"对话框。

（2）选择"启动"选项卡，关闭不需要启动的项目，单击"确定"按钮。

图 9-35　系统配置实用程序

（六）禁用多余的服务组件

禁用多余的服务组件可按以下步骤进行设置。

（1）在"开始"菜单中选择"控制面板"菜单项。

（2）在打开的"控制面板"中双击"管理工具"图标，打开图 9-36 所示的"管理工具"窗口。

图 9-36 管理工具

（3）双击"服务"图标，弹出图 9-37 所示的"服务"窗口，在右侧的窗格中将不需要的服务设为禁用或手动。方法为：右键单击服务名，选择"属性"菜单项，打开图 9-38 所示的对话框，在"启动类型"下拉列表框中选择"手动"或"已禁用"选项，单击"服务状态"中的"停止"按钮，可停止该服务。

（七）关闭华生医生 Dr.Watson

关闭华生医生 Dr.Watson 的具体操作方法如下：

（1）执行"开始"—"运行"命令，弹出"运行"对话框。

（2）在文本框中输入"drwtsn32"命令，调出系统里的"华生医生 Dr.Watson"。

（3）只保留"转储全部线程上下文"选项，否则一旦程序出错，硬盘会读取很久，同时会占用大量空间。

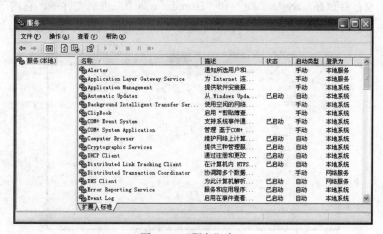

图 9-37 "服务"窗口

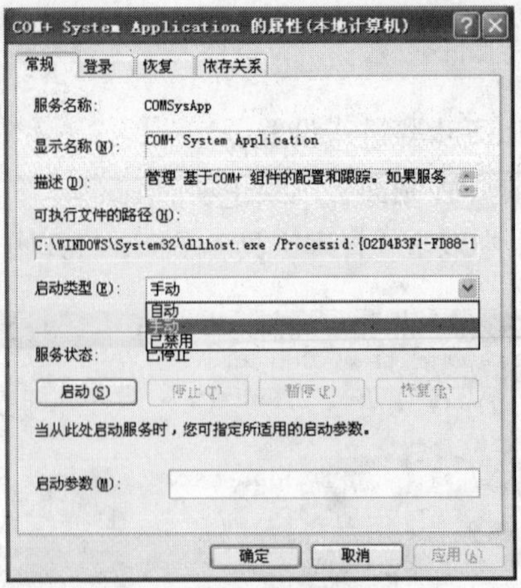

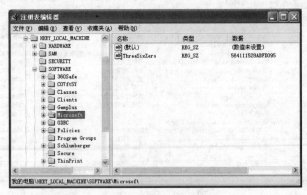

图 9-38　服务属性

任务三　修改注册表进行系统优化

一、任务分析

修改注册表项实现对系统的优化。

二、相关知识

注册表是管理系统硬件设备、软件配置等信息的数据库。注册表中存放着各种系统参数，如计算机中安装的硬件设备名称、型号、参数、安装的软件配置信息、桌面配置情况、用户桌面墙纸的位图名称等信息。通过注册表可以对计算机系统的各个方面进行控制。

执行"开始"—"运行"命令，在打开的"运行"对话框中输入命令"regedit"即可打开注册表编辑器。

注册表的信息被存放在"System.dat"和"User.dat"两个二进制文件中，它内部的组织结构是一个类似于文件夹管理的树状分层的结构，有主键、子键、键值名称及键值数据，如图 9-39 所示。

图 9-39　注册表编辑器

Windows 注册表的主键主要包括 HKEY_LOCAL_MACHINE、HKEY_USERS、HKEY_ CURRENT_USER、HKEY_CLASSES_ROOT、HKEY_CURRENT_CONFIG 和 HKEY_DYN_DATA （基于 Windows NT 的系统没有这一项）六大主键，其中最主要的是 HKEY_LOCAL_MACHINE 和 HKEY_USERS 两个主键，它们是注册表的核心，HKEY_LOCAL_MACHINE 对应着 "System.dat" 文件，而 HKEY_USERS 则对应着 "User.dat" 文件。

三、任务实施

以下以 Windows XP 为例，介绍优化系统性能的具体操作。

1. 加快开机及关机速度

执行 "开始" — "运行" 命令，打开 "运行" 对话框，在文本框输入 "Regedit"，打开注册表编辑器。依次展开[HKEY_CURRENT_USER]→[Control Panel]→[Desktop]，将字符串值 [HungAppTimeout]的数值更改为 "200"，将字符串值[WaitToKillAppTimeout]的数值更改为 "1000"，另外展开[HKEY_LOCAL_MACHINE]→[System]→[CurrentControlSet]→[Control]，将字符串值 [HungAppTimeout]的数值更改为 "200"，将字符串值[WaitToKillServiceTimeout]的数值更改为 "1000"。

2. 自动关闭停止响应程序

打开注册表编辑器，依次展开[HKEY_CURRENT_USER]→[Control Panel]→[Desktop]，将字符串值[AutoEndTasks]的数值更改为 "1"，重新启动即可。

3. 清除内存中不被使用的 DLL 文件

打开注册表编辑器，依次展开[HKKEY_LOCAL_MACHINE]→[SOFTWARE]→[Microsoft] → [Windows]→[CurrentVersion]，在[Explorer]中增加[AlwaysUnloadDLL]项目，默认值设为 "1"。注意：如果默认值设定为 "0" 则代表停用此功能。

4. 加快菜单显示速度

打开注册表编辑器，依次展开[HKEY_CURRENT_USER]→[Control Panel]→[Desktop]，将字符串值[MenuShowDelay]的数值更改为 "0"，调整后如觉得菜单显示速度太快而不适应者可将 [MenuShowDelay]的数值更改为 "200"，重新启动即可。

5. 利用 CPU 的 L2 Cache 加快整体效能

打开注册表编辑器，依次展开[HKEY_LOCAL_MACHINE]→[SYSTEM]→ [CurrentControlSet] →[Control]→[SessionManager]，在[MemoryManagement]的右边窗口中将[SecondLevelDataCache] 的数值更改为与 CPU L2 Cache 相同的十进制数值。例如：CPU 的 L2 Cache 为 512KB，数值更改为十进制数值 "512"。

6. 关机时自动关闭停止响应程序

打开注册表编辑器，依次展开[HKEY_USERS]→[.DEFAULT]→[Control Panel]，然后在[Desktop]右面窗口中将[AutoEndTasks]的数值更改为"1"，注销或重新启动计算机即可。

任务四　系统的维护

一、任务分析

对系统进行维护，不仅可以有效减少软硬件故障的发生，还可以使计算机保持良好的状态，更好地为用户服务。

二、相关知识

（一）良好的操作习惯

要将计算机系统维护在一个良好的状态，就必须养成良好的操作习惯。

（1）正确开关机，不要在驱动器灯亮时强行关机，也不要频繁开关机，且开关机之间的时间间隔应不小于30s。

正常开关机能减少对主机的损害，而频繁开关机对各种配件的冲击很大，尤其是对硬盘的损伤更为严重。机器正在读写数据时突然关机，很可能会损坏驱动器（硬盘、光驱等）。另外，关机时必须先关闭所有的程序，再按正常的顺序退出，否则有可能损坏程序。

（2）在添加、移除计算机的硬件设备时（USB设备除外），必须在断掉主机与电源的连接后，才可进行操作。要正确进行外部连接，绝对不要带电连接外设或插拔机内板卡。

（3）触摸计算机内部部件或电路前一定要先释放人体的高压静电，只需触摸一下水管等接地设备即可。

（4）计算机在加电之后，不应随意地移动和震动，以免由于震动造成硬盘表面划伤或其他意外情况，造成不应有的损失。

（5）使用来路不明的闪存盘或光盘前一定要先查毒，安装或使用后还要再查一遍，因为有一些杀毒软件不能查杀压缩文件里的病毒。

（6）系统非正常退出或意外断电后，应尽快进行硬盘扫描，及时修复错误。因为在这种情况下，硬盘的某些簇链接会丢失，给系统造成潜在的危险，如不及时修复，会导致某些程序紊乱，甚至危及系统的稳定运行。

（二）创设良好的系统运行环境

一般情况下，计算机的工作环境有如下一些要求。

1．计算机运行的环境温度要求

计算机通常在室温 15～40℃的环境下都能正常工作。若低于 10℃，则含有轴承的部件（如风扇、硬盘等）和光驱的工作可能会受到影响；若高于 40℃，在计算机主机的散热不好的情况下，就会影响计算机内部各部件的正常工作。

2．计算机运行的环境湿度要求

在放置计算机的房间内，其相对湿度最高不能超过 80%，否则会由于器件温度由高降低时结露使计算机内的元器件受潮，甚至会发生短路而损坏计算机。相对湿度也不要低于 20%，否则容易因为过分干燥而产生静电作用，损坏计算机。

3．计算机运行的洁净度要求

放置计算机的房间不能有过多的灰尘，否则灰尘附落在电路板或光驱的激光头上，不仅会造成稳定性和性能下降，而且会缩短计算机的使用寿命。因此，在房间内应保持洁净，尽量避免灰尘进入主机。

4．计算机对外部电源的交流供电要求

计算机对外部电源的交流供电有两个基本要求：一是电压要稳定（波动幅度应小于 5%，理想条件是 180～240V），如果电压不稳，可能会损坏元器件，使系统工作不稳定，反复启动等；二是在计算机工作时供电不能间断。在电压不稳定的小区，为了获得稳定的电压，最好使用交流稳压电源。为了防止突然断电对计算机的影响，可以装备 UPS（Uninterruptile Power System）电源。

5．计算机对放置环境的要求

计算机主机应该放在不易震动、翻倒的工作台上，以免主机震动对硬盘产生损害。另外，计算机的电源也应该放在不易绊倒的地方，而且最好使用单独的电源插座。计算机周围不应该有电炉、电视等强电或强磁设备，以免其开关时产生的电压和磁场变化对计算机产生损害。

（三）警惕计算机病毒

1．什么是计算机病毒

计算机病毒是编制或在计算机程序中插入的破坏计算机功能或者破坏数据，影响计算机使用并且能够自我复制的一组计算机指令或者程序代码。

2．计算机病毒的特征

计算机病毒的主要特征有以下 7 种：

（1）破坏性大；

（2）感染性强；

（3）传播性强；

（4）隐藏性好；

（5）可激活性；

（6）有针对性；

（7）不可预见性。

3．感染计算机病毒常见症状

感染计算机病毒的常见症状有以下 19 种：

（1）计算机系统运行速度减慢；

（2）计算机系统经常无故发生死机；

（3）计算机系统中的文件长度发生变化；

（4）计算机存储的容量异常减少；

（5）系统引导速度减慢；

（6）丢失文件或文件损坏；

（7）计算机屏幕上出现异常显示；

（8）计算机系统的蜂鸣器出现异常声响；

（9）磁盘卷标发生变化；

（10）系统不识别硬盘；

（11）对存储系统异常访问；

（12）键盘输入异常；

（13）文件的日期、时间、属性等发生变化；

（14）文件无法正确读取、复制或打开；

（15）命令执行出现错误；

（16）操作系统无故频繁出现错误或重新启动；

（17）一些外部设备工作异常；

（18）异常要求用户输入密码；

（19）WORD 或 EXCEL 提示执行"宏"。

4．计算机病毒的传播途径：

计算机病毒的常见传播途径有以下 4 种：

（1）通过不可移动的计算机硬件设备进行传播；

（2）通过移动存储设备来传播；

（3）通过计算机网络进行传播；

（4）通过点对点通信系统和无线通道传播。

三、任务实施

（一）安全维护

1．设置系统密码

（1）在"开始"菜单中，选择"控制面板"选项，打开图 9-40 所示的窗口。

（2）在"控制面板"窗口中双击"用户账户"图标，打开图 9-41 所示的"用户账户"窗口，单击某个账户，如"Administrator"账户。

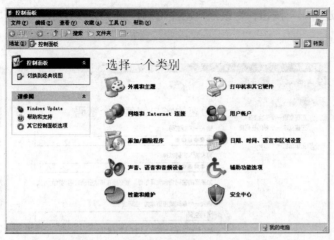

图 9-40　控制面板

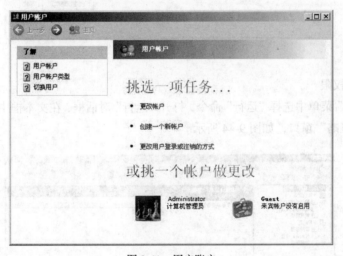

图 9-41　用户账户

（3）打开图 9-42 所示的窗口。

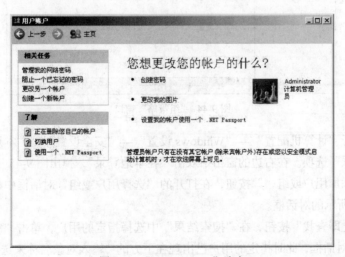

图 9-42　"Administrator"账户

（4）单击"创建密码"按钮，为该账户创建密码，如图 9-43 所示。单击"创建密码"按钮完成创建。

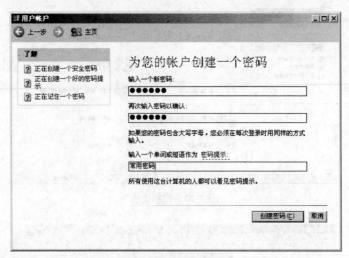

图 9-43 创建密码

2. 设置用户权限

（1）在"开始"菜单中选择"运行"命令，打开"运行"对话框，在文本框中输入"gpedit.msc"命令，打开"组策略"窗口，如图 9-44 所示。

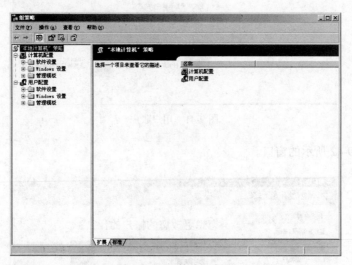

图 9-44 "组策略"窗口

（2）依次展开"计算机配置"—"Windows 设置"—"安全设置"—"本地策略"项目，单击"用户权限指派"选项。在右边的窗格中双击"在本地登录"，弹出图 9-45 所示的属性窗口。

（3）单击"添加用户或组…"按钮，在打开的"选择用户或组"对话框中单击"高级…"按钮，打开图 9-46 所示的对话框。

（4）单击"立即查找"按钮，在"搜索结果"中选择指定的用户，单击"确定"按钮，返回"选择用户或组"对话框，此时指定的用户已出现在下方的"输入对象名称来选择"中，单击"确定"按钮。

图 9-45　"在本地登录属性"对话框

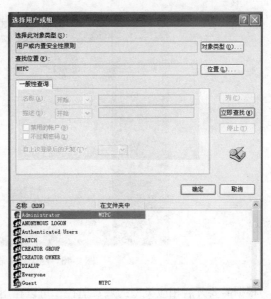

图 9-46　"选择用户或组"对话框

经过以上操作，就可以设置指定的用户允许登录系统了。

3．防治计算机病毒

（1）安装杀毒软件是防治计算机病毒的技术保证。国际著名的杀毒软件有卡巴斯基 Kaspersky（http://www.kaspersky.com.cn）、诺顿 Norton（www.symantec.com.cn）等；国内的杀毒软件有瑞星（www.rising.com.cn）、江民（www.jiangmin.com）、金山毒霸（www.kingsoft.com）等。

瑞星杀毒软件（2012 版）不仅可以实时检测、监控、拦截各种病毒行为，还提供了木马防御、浏览器防护、办公软件防护、U 盘防护等安全防护功能。瑞星杀毒软件的运行界面如图 9-47 所示。

图 9-47　瑞星杀毒软件的运行界面

江民杀毒软件（KV2011 版）全面融合杀毒软件、防火墙、安全检测、漏洞修复等核心安全功能为有机整体，打破杀毒软件、防火墙等专业软件各司其职的界限，为个人计算机用户提供全面的安全防护。江民杀毒软件的运行界面如图 9-48 所示。

图 9-48　江民杀毒软件的运行界面

　　根据需要开启相应类型的病毒监控，可以在用户进行文件访问、上网或即时通信时对病毒进行监控，提高系统的安全性。例如，在图 9-49 所示的病毒监控页面中打开"网页监视"，当用户所访问的网页中存在病毒时，监控程序会自动禁止其运行，并对用户计算机中的临时文件进行查杀，避免病毒带来的影响。

图 9-49　病毒监控设置

　　由于新的病毒不断出现，因此在安装了杀毒软件之后，还应定期对杀毒软件进行升级和更新病毒库，以提高病毒的查杀能力。同时，还应定期进行全盘病毒、木马扫描工作。

　　（2）使用安全监视软件（如 360 安全卫士、瑞星卡卡等，有的杀毒软件如江民 KV2011 本身也自带该功能），主要是防止浏览器被异常修改、插入钩子、安装恶意插件等行为。

　　（3）开启 Windows 防火墙或杀毒软件自带的防火墙。

　　防火墙是一个位于计算机和它所连接的网络之间的软件，它能为计算机提供较好的网络安全保护作用。启用了防火墙之后，计算机流入流出的所有网络通信均要经过此防火墙，防火墙对流经它的网络通信进行扫描，这样可以防止 Internet 上的危险（病毒、资源盗用等）传播到网络内部；防火墙还能禁止特定端口的流出通信，封锁特洛伊木马；关闭不使用的端口；可以禁止来自特殊站点的访问，从而防止来自不明入侵者的所有通信。

Windows 本身自带了防火墙，开启 Windows 防火墙的步骤如下。

① 打开"控制面板"窗口，右键单击"Windows 防火墙"，选择"打开"菜单项，如图 9-50 所示。

② 打开"Windows 防火墙"对话框，选择"启用（推荐）"选项，如图 9-51 所示。单击"确定"按钮即可启用 Windows 防火墙。

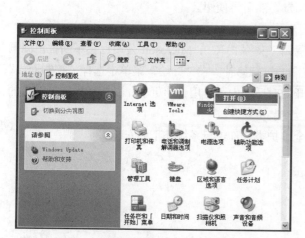

图 9-50　控制面板—Windows 防火墙

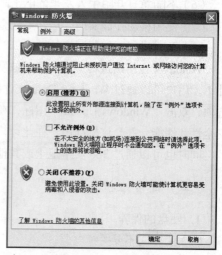

图 9-51　启用防火墙

现在很多杀毒软件也自带了防火墙，如江民杀毒软件的防火墙如图 9-52 所示。

图 9-52　江民防火墙

（4）关闭计算机自动播放并对计算机和移动储存工具进行常见病毒免疫。

默认情况下，一旦将光盘插入光驱，或者通过 USB 接口插上 U 盘、移动硬盘时，Windows 就会启动自动播放功能，这给一些病毒的激活提供了可乘之机，应将计算机自动播放功能关闭，方法如下：

① 执行"开始"—"运行"命令，在文本框中输入"gpedit.msc"，单击"确定"按钮，打开"组策略"窗口。

② 在左侧的"'本地计算机'策略"下，依次展开"计算机配置"—"管理模板"项目，单击"系统"，然后在右侧的"设置"标题下双击"关闭自动播放"选项。

③ 在"设置"选项卡中选择"已启用"单选按钮，然后在"关闭自动播放"下拉列表框中选择"所有驱动器"选项，单击"确定"按钮，退出"组策略"窗口。

（5）上网时注意网址的正确性，避免进入恶意网站。

（6）不随意打开陌生人发来的电子邮件或通过 QQ 传递的文件或网址。

（7）使用移动存储器前，最好要先查杀病毒，然后再使用。

（8）及时进行系统漏洞修补。

Windows 在使用过程中，会不断被发现漏洞（又称 BUG），Microsoft 公司也会不断推出漏洞补丁。用户可以通过 Windows Update 对系统漏洞进行修补。在"开始"菜单中选择"控制面板"选项，双击"Windows Update"图标，在打开的对话框中可启用自动更新，以帮助提高计算机的安全性和性能，并允许标准用户在此计算机上安装更新。

同时也可以通过 360 安全卫士或其他安全维护类软件进行系统补丁的安装。

（二）日常维护与保养

1．硬盘的保养

（1）工作时不要关掉电源。

硬盘的转速大都是 5400r/min 和 7200r/min，SCSI 硬盘更在 10000～15000r/min。在进行读写时，整个盘片处于高速旋转状态中，如果忽然切断电源，将使得磁头与盘片猛烈摩擦，从而导致硬盘出现坏道甚至损坏，也经常会造成数据丢失。所以在关机时，一定要注意机箱面板上的硬盘指示灯是否没有闪烁，即硬盘已经完成读写操作之后才可以按照正常的程序关闭计算机。硬盘指示灯闪烁时，一定不可切断电源。如果是移动硬盘，最好要先执行硬件安全删除，成功后方可拔掉。

（2）保持使用环境的清洁。

硬盘对环境的要求比较高，有时候严重集尘或是空气湿度过大，都会造成电子元件短路或是接口氧化，从而引起硬盘性能的不稳定甚至损坏。高温、潮湿的环境也不利于硬盘的正常使用。

（3）防震、防磁场。

硬盘是十分精密的存储设备，进行读写操作时，磁头在盘片表面的浮动高度只有几微米；即使在不工作的时候，磁头与盘片也是接触的。硬盘在工作时，一旦发生较大的震动，就容易造成磁头与资料区相撞击，导致盘片资料区损坏或刮伤磁盘，丢失硬盘内所储存的文件数据。因此，在工作时或关机后主轴电机尚未停顿之前，千万不要搬动计算机或移动硬盘，以免磁头与盘片产生撞击而擦伤盘片表面的磁层。此外，在硬盘的安装、拆卸过程中也要加倍小心，防止过分摇晃或与机箱铁板剧烈碰撞。强磁场可能造成硬盘数据的丢失，应使硬盘远离强磁场。

（4）定期整理碎片。

硬盘工作时会频繁地进行读写操作，同时程序的增加、删除也会产生大量的不连续的磁盘空间与磁盘碎片。当不连续磁盘空间与磁盘碎片数量不断增多时，就会影响到硬盘的读取效能。如果数据的增删操作较为频繁或经常更换软件，则应该每隔一定的时间（如一个月）就运行 Windows

系统自带的磁盘碎片整理工具，进行磁盘碎片和不连续空间的重组工作，将硬盘的性能发挥至最佳。

（5）使用稳定的电源供电。

使用性能稳定的电源，如果电源的供电不纯或功率不足，很容易就会造成资料丢失甚至硬盘损坏。

（6）防止病毒对硬盘的破坏。

2．显示器的保养

（1）CRT 显示器的保养

① 注意防湿；

② 远离磁场干扰；

③ 避免强光照射；

④ 保持合适温度；

⑤ 注意保护线缆和接头。

（2）LCD 显示器的保养

① 不要用坚硬的东西触碰显示屏；

② 不要长时间工作；

③ 擦拭 LCD 显示屏时力度要轻，否则屏幕容易因此而短路损坏；

④ 不要将清洁济直接喷到屏幕表面，否则容易流到屏幕里面导致 LCD 屏幕内部出现短路故障。

3．光驱的保养

有关光驱的保养需要注意以下 5 个方面：

（1）注意光驱的环境温度和湿度。

（2）避免光盘长时间放在光驱中。

（3）防止灰尘进入光驱。

（4）不要使用有较多物理划痕的光盘。

（5）不要用手将光盘托盘推入仓门。

4．其他部件的使用注意事项

主板：要注意防静电和变形。静电可能会损坏 BIOS 芯片和数据、损坏各种晶体管的接口门电路；板卡变形后会导致线路板断裂、元件脱焊等严重故障。

CPU：CPU 是计算机的"心脏"，要注意防高温和防高压。高温容易使内部线路发生电子迁移，缩短 CPU 的寿命；高压很容易烧毁 CPU，所以超频时尽量不要提高内核电压。

内存：要注意防静电，超频时也要小心，过度超频极易引起黑屏，甚至使内存发热损坏。

电源：要注意防止反复开机、关机。

（三）操作系统常见故障处理

1．输入法被误删除

如果某个输入法不小心被删除了，可以通过以下方法进行恢复：

（1）右键单击任务栏右侧的语言栏，选择"设置…"命令，如图 9-53 所示。

图 9-53　设置输入法

（2）在弹出的"文字服务和输入语言"对话框中单击"添加"按钮，如图9-54所示。

（3）在弹出的"添加输入语言"对话框中单击"键盘布局/输入法"下拉列表框，选择要恢复的输入法，例如"中文（简体）-双拼"，如图9-55所示。单击"确定"按钮。

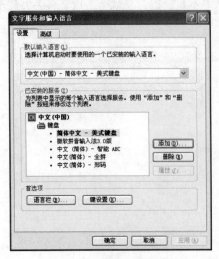

图 9-54　文字服务和输入语言

图 9-55　添加输入语言

（4）返回"文字服务和输入语言"对话框，单击"确定"按钮，即可恢复误删除的输入法。

2．找回消失的桌面图标和任务栏

执行了某些操作，如非法操作、不正常关机等，可能会出现桌面图标和任务栏消失、只剩下桌面背景的现象，可以通过以下方法进行恢复：

（1）同时按下 Ctrl+Alt+Delete 组合键，打开 Windows 任务管理器，如图 9-56 所示。

（2）单击"文件"菜单中的"新建任务（运行…）"命令。

（3）在弹出的"创建新任务"对话框中输入"explorer.exe"命令，或者单击"浏览"按钮，选择"C:\WINDOWS\explorer.exe"文件，如图 9-57 所示。单击"确定"按钮，即可恢复桌面图标和任务栏。

图 9-56　任务管理器

图 9-57　创建新任务

任务五　使用 360 安全卫士进行系统维护

一、任务分析

360 安全卫士是一款非常好用的系统维护类软件。使用它对计算机系统进行维护。

二、相关知识

360 安全卫士是一款免费的安全软件，具有使用方便、功能全面等特点。

360 安全卫士拥有"查杀木马"、"清理插件"、"修复漏洞"、"电脑体检"等多种功能，同时还具有"木马防火墙"功能。"木马防火墙"功能依靠抢先侦测和云端鉴别，可全面、智能地拦截各类木马，保护用户的账号、隐私等重要信息。

三、任务实施

1. 木马查杀

木马对用户计算机的危害非常大，可能导致包括支付宝、网络银行在内的重要账户密码丢失。木马的存在还可能导致用户的隐私文件被复制或删除。所以及时查杀木马对安全上网来说十分重要。360 安全卫士的木马查杀功能可以找出计算机中疑似木马的程序并在取得用户允许的情况下删除这些程序。

打开 360 安全卫士的主界面，单击"查杀木马"图标，如图 9-58 所示。用户可以选择"快速扫描""全盘扫描"或"自定义扫描"来检查计算机里是否存在木马程序。扫描结束后若出现疑似木马，用户可以选择删除或加入信任区。

图 9-58　查杀木马

2. 清理插件

插件是一种遵循一定规范的应用程序接口编写出来的程序，很多软件都有插件。例如，在 IE 中安装相关的插件后，WEB 浏览器能够直接调用插件程序，用于处理特定类型的文件。过多的插件会减慢电脑的运行速度。清理插件功能会检查计算机中安装了哪些插件，用户可以根据网友对插件的评分以及自己的需要来选择清理哪些插件，保留哪些插件。

在 360 安全卫士的主界面中单击"清理插件"图标，如图 9-59 所示。进入清理插件界面后单击"开始扫描"按钮，360 安全卫士就会开始扫描计算机中的插件。

扫描结束后，360 安全卫士就会显示计算机中可以清理的插件，如图 9-60 所示。根据 360 列出的清理建议，勾选需要删除的插件，单击"立即清理"按钮，完成插件的清理。

图 9-59 扫描插件

图 9-60 清理插件

3. 修复漏洞

系统漏洞指用户安装的 Windows 操作系统在逻辑设计上的缺陷或在编写时产生的错误。系统漏洞可以被不法者或计算机黑客利用，通过植入木马、病毒等方式来攻击或控制整个计算机，从而窃取计算机中的重要资料和信息，甚至破坏整个系统。

在 360 安全卫士的主界面中单击"修复漏洞"图标，如图 9-61 所示。360 安全卫士会扫描出当前系统中需要修复的漏洞，用户可根据需要进行漏洞修复。修复后，还可以单击右下方的"重新扫描"按钮以查看是否有需要修补的漏洞。

图 9-61　修复漏洞

4. 系统修复

系统修复可以检查计算机中多个关键位置是否处于正常的状态。

当用户遇到浏览器主页、开始菜单、桌面图标、文件夹、系统设置等出现异常时，使用系统修复功能可以找出问题出现的原因并修复问题，如图 9-62 所示。

图 9-62　系统修复

5．电脑清理

系统在长时间工作后，会产生很多垃圾文件，长时间不进行清理，垃圾文件会越来越多，导致计算机的运行速度和上网速度变慢，同时也浪费硬盘空间。

在 360 安全卫士的主界面中单击"电脑清理"图标，如图 9-63 所示。可以勾选需要清理的垃圾文件种类并单击"开始扫描"按钮。如果不清楚哪些文件该清理，哪些文件不该清理，可单击左下角的"推荐选择"按钮，让 360 安全卫士来进行合理的选择。

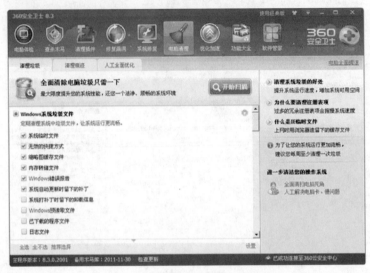

图 9-63　电脑清理

6．优化加速

帮助用户全面优化系统，提升计算机速度。在 360 安全卫士的主界面中单击"优化加速"图标，如图 9-64 所示。单击"立即优化"按钮即可实现系统优化。

图 9-64　优化加速

课后习题

一、选择题

1. 计算机对供电有一定的要求，供电电压的稳定度不宜超过额定值的（　　）。

  A．±3%   B．±5%   C．±6%   D．±8%

2. 对微型计算机工作影响最小的是（　　）。

  A．温度   B．磁铁   C．噪声   D．灰尘

3. 在计算机的使用过程中，对于硬盘的保养与维护，应该注意（　　）。

  A．避免振动

  B．不要频繁地对硬盘进行读写操作

  C．不必进行磁盘文件的整理

  D．不要进行高级格式化

4. 下列（　　）不属于 Windows 优化大师的性能测试项目。

  A．CPU   B．内存

  C．硬盘   D．打印机

5. Windows 优化大师的（　　）功能可以让用户更直观地了解计算机硬件配置信息以及计算机在处理器、内存、硬盘和显示等方面的性能及整体性能。

  A．系统维护   B．系统检测

  C．系统优化   D．系统清理

6. 下列关于计算机病毒的叙述中，错误的一条是（　　）。

  A．计算机病毒具有潜伏性

  B．计算机病毒是一个特殊的寄生程序

  C．计算机病毒具有传染性

  D．感染过计算机病毒的计算机具有对该病毒的免疫性

7. 大量的磁盘碎片可能导致的后果不包括（　　）。

  A．整个系统崩溃   B．计算机软件不能正常运行

  C．计算机无法启动   D．有用的数据丢失

8. 下列软件中（　　）不是杀毒软件。

  A．诺顿   B．瑞星

  C．AutoCAD   D．KV2010

二、实训题

1. 使用 Windows 优化大师对系统进行优化。

2. 使用 360 安全卫士对系统进行维护。

3. 使用一款杀毒软件进行病毒查杀。

第10章

数据的备份与还原

任务一　硬盘备份与还原

一、任务分析

硬盘中存放着大量的有用数据，为了有效地保存数据，将这些数据进行备份，使硬盘出现故障时可以把损失降低到最低程度。

二、相关知识

通常使用 Ghost 工具软件对硬盘进行备份与还原操作。在实际应用中，通常较少进行整个硬盘的备份，而主要是对重要的硬盘分区进行备份。这是因为整个硬盘的数据量通常过于庞大，整盘备份费时又费力。

把整个硬盘备份到另一块硬盘，或者把整个硬盘备份到镜像文件，都需要当前计算机中安装有两块以上的实际硬盘。

把整个硬盘备份到另一块硬盘，通常又称为硬盘对拷，它可以将源硬盘的所有数据，包括操作系统原封不动地复制到目标硬盘。

三、任务实施

（一）硬盘备份

硬盘备份的步骤如下：

（1）在 Ghost 主界面上依次选择执行 "Local" — "Disk" 命令。

（2）在“Disk”子菜单下，分别有“To Disk”、“To Image”和“From Image”三个选项，分别表示备份到磁盘、备份到镜像文件和从镜像文件还原，如图 10-1 所示。

如果当前计算机只有一块硬盘，那么选择“To Disk”项时，会弹出图 10-2 所示的错误提示对话框，提示只有一个硬盘驱动器。

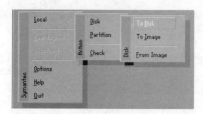

图 10-1　Disk 子菜单

图 10-2　错误提示

（3）如果选择“To Disk”选项，会把某一块硬盘中的数据全部备份到另一块硬盘中去。这就要求目标硬盘中的空间大于等于源硬盘中的数据量大小。

（4）通常选择“To Image”项，表示将硬盘数据备份到镜像文件，选择后按 Enter 键。

（5）在弹出的对话框内选择要备份的硬盘，如图 10-3 所示。如果当前计算机中有多个硬盘，则“Drive”下会有多个项，选择需要备份的硬盘序号即可。

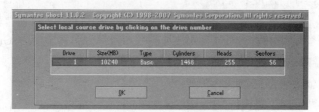

图 10-3　选择要备份的硬盘

（6）连续按“Tab”键使光标停留在“OK”按钮上，按 Enter 键。

（7）弹出图 10-4 所示的对话框，指定镜像文件要保存的路径，在“File name”文本框中指定文件名，单击“Save”按钮。注意：在“Look in”下拉列表框中必须选择与源硬盘不同的另一块硬盘。

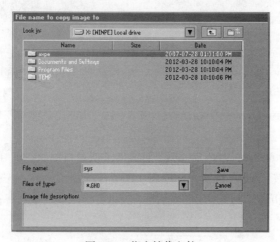

图 10-4　指定镜像文件

（8）打开图 10-5 所示的对话框，询问用户是否压缩镜像文件，"No"表示不压缩，"Fast"表示快速压缩（速度快，但压缩比较小），"High"表示以高压缩比压缩镜像文件（速度稍慢，默认为"No"）。用户可根据实际需要进行选择，然后按 Enter 键。

（9）打开图 10-6 所示的对话框，单击"Yes"按钮，然后按 Enter 键开始备份。

图 10-5　指定压缩方式

图 10-6　确认对话框

（10）备份完毕后会弹出图 10-7 所示的对话框，提示镜像文件生成成功，按 Enter 键完成硬盘的备份操作。

（二）硬盘还原

有了硬盘镜像文件，可以在不同型号、格式、容量的硬盘之间进行恢复操作。同样支持目标硬盘未经分区的恢复操作，速度非常快。

如果源硬盘镜像文件内含有 N 个分区，Ghost 在默认情况下会对目标硬盘的分区进行改写，会把目标硬盘的所用容量都用上，同时写入数据。哪怕目标硬盘容量不等 GHOST 会自动调整 N 个分区的大小比例。需要注意的是，目标硬盘的总容量不得小于原硬盘镜像文件的总数据的容量。

硬盘还原的步骤如下。

（1）在 Ghost 主界面上依次执行"Local"—"Disk"—"From Image"命令，如图 10-8 所示。按 Enter 键。

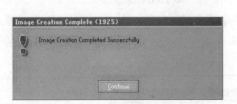

图 10-7　完成备份

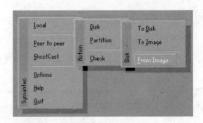

图 10-8　硬盘还原

（2）弹出图 10-9 所示的对话框，通过"Tab"键和方向键选择存放镜像文件的路径和文件名，如"sys.GHO"文件，按 Enter 键。

（3）在图 10-10 所示的对话框中选择目标硬盘，按"Tab"键将光标移动到"OK"按钮上，按 Enter 键。

（4）在弹出的"Destination Drive Details"对话框中指定目标硬盘的详细信息，如果不改变默认的分区信息，则连续按"Tab"键使光标停在"OK"按钮上。

（5）按 Enter 键，打开图 10-11 所示的对话框，提示目标硬盘的数据将被永久覆盖，选择"Yes"按钮。

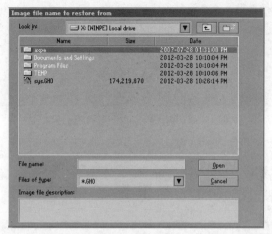

图 10-9　选择镜像文件

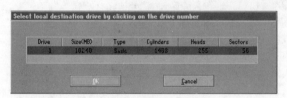

图 10-10　选择目标硬盘

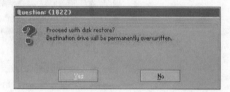

图 10-11　数据覆盖确认对话框

（6）按 Enter 键后开始进行恢复操作。等恢复完毕后会弹出对话框，默认按 Enter 键重启计算机，即可完成整个硬盘的还原。

任务二　分区备份与还原

一、任务分析

因为整个硬盘的数据量通常过于庞大，所以较少进行整个硬盘的备份。

使用 Ghost 软件对硬盘分区进行备份。

二、任务实施

（一）分区备份

（1）在 Ghost 主界面上依次执行"Local"—"Partition"—"To Image"命令，如图 10-12 所示。

（2）在弹出的对话框中选择要备份分区对应的硬盘，如图 10-13 所示。按"Tab"键将光标移动到"OK"按钮上并按 Enter 键。

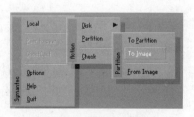

图 10-12　Partition 子菜单

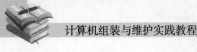

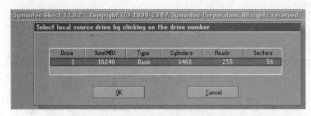

图 10-13　选择要备份分区对应的硬盘

（3）弹出图 10-14 所示的对话框，用于选择要备份的分区。如果硬盘有多个分区，则"Part"下会有多行，选择需要备份的分区，先按 Enter 键，等"OK"按钮由灰色变为可用后，按"Tab"键将光标移动到"OK"按钮并按 Enter 键。

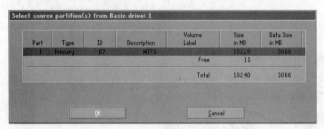

图 10-14　选择分区

（4）通过"Tab"键和方向键选择存放镜像文件的路径和文件名，如图 10-15 所示。按"Tab"键将光标移动到"Save"按钮上，然后按 Enter 键。

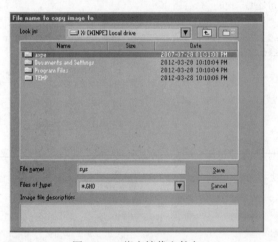

图 10-15　指定镜像文件名

（5）与硬盘备份相类似，接着会出现对话框询问用户是否压缩镜像文件，根据实际需要进行选择后按 Enter 键。

（6）确认后开始进行硬盘分区的备份，备份完成后也会弹出对话框提示镜像文件生成成功，按 Enter 键，完成分区的备份操作。

（二）分区还原

如果对某个分区事先进行了备份，当该分区的数据被破坏，就可以通过之前的镜像文件进行还原。如果备份的是操作系统所在的主分区，还可以进行操作系统的还原。步骤如下。

（1）在 Ghost 主界面上依次执行"Local"—"Partition"—"From Image"命令，如图 10-16 所示。按 Enter 键。

（2）弹出图 10-17 所示的对话框，通过"Tab"键和方向键选择存放镜像文件的路径和文件名，并通过"Tab"键将光标移动到"Open"按钮上，然后按 Enter 键。

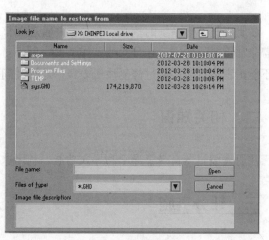

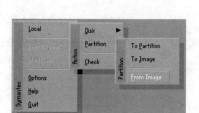

图 10-16　分区还原

图 10-17　选择镜像文件

（3）在图 10-18 所示的对话框中选择目标硬盘，用"Tab"键将光标移动到"OK"按钮，按 Enter 键。

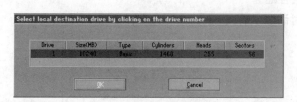

图 10-18　选择目标硬盘

（4）弹出图 10-19 所示的对话框，选择目标分区，按 Enter 键，用"Tab"键将光标移动到"OK"按钮上，按 Enter 键。

（5）打开图 10-20 所示的对话框，提示目标分区的数据将被永久覆盖，选择"Yes"按钮。

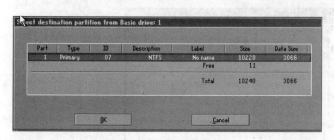

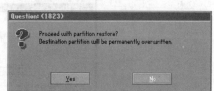

图 10-19　选择目标分区

图 10-20　分区覆盖确认对话框

（6）按 Enter 键后开始进行恢复操作，恢复完成后会弹出对话框提示成功完成分区还原。

任务三 注册表的备份与还原

一、任务分析

注册表是操作系统的核心，它存储并管理着整个操作系统及应用程序的关键数据，在系统中起着非常重要的作用。在日常的工作学习中做好对注册表的备份，这样就能在注册表受损导致系统不能正常运行时，通过修复注册表轻松地解决问题。

二、相关知识

注册表编辑器自带了导出和导入功能，利用这些功能来实现对注册表的备份与还原操作。

三、任务实施

（一）备份注册表

（1）打开"运行"对话框，单击左下角的"开始"按钮，选择"运行"命令（Windows 7 中同时按下"Win+R"组合键）。

（2）在"运行"对话框中输入"regedit"命令，如图 10-21 所示。

图 10-21 "regedit"命令

（3）在注册表编辑器中选择"文件"—"导出"菜单项，如图 10-22 所示。

图 10-22 注册表导出

（4）在弹出的"导出注册表文件"对话框中指定备份路径和备份文件名，单击"保存"按钮，如图 10-23 所示。

（5）完成备份。根据计算机硬件配置及所安装程序的不同，注册表备份所花的时间也有所区别，需要用户耐心等待。

图 10-23　导出注册表文件

（二）还原注册表

当修改注册表值出现问题、安装或卸载程序导致错误时，用户可以通过还原注册表，将注册表还原到某次备份时的正确状态。

（1）执行"开始"—"运行"命令，在"运行"对话框的中输入"regedit"命令。

（2）在注册表编辑器中选择"文件"菜单中的"导入"菜单项，如图 10-24 所示。

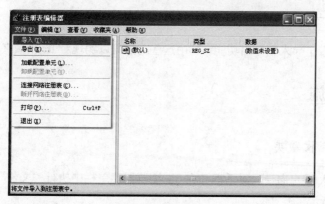

图 10-24　注册表导入

（3）弹出"导入注册表文件"对话框，选择以前备份过的某个注册表备份文件，单击"打开"按钮，如图 10-25 所示。

图 10-25　导入注册表文件

（4）弹出"导入注册表文件"对话框，并显示导入注册表备份文件的进度。

（5）导入完成后，会弹出一个导入成功的提示框，单击"确定"按钮即可完成注册表的还原。

任务四　IE 收藏夹的备份与还原

一、任务分析

IE 收藏夹是一个容易被人遗忘的地方，它里面记录并存放着用户喜欢的或者常用的一些网站链接地址，在默认情况下，它是保存在系统盘的，一旦操作系统重装，它将会全部丢失。为了防止信息丢失，最好定期对 IE 收藏夹进行备份。

二、相关知识

IE 浏览器中自带了导入和导出功能，利用这些功能可以实现对 IE 收藏夹的备份与还原操作。

三、任务实施

（一）备份 IE 收藏夹

（1）打开"导入/导出向导"对话框。在 IE 浏览器菜单栏中执行"文件"—"导入和导出"命令，如图 10-26 所示。

（2）在弹出的"导入/导出向导"对话框中单击"下一步"按钮。

（3）在弹出的对话框中选择"导出收藏夹"选项，如图 10-27 所示。单击"下一步"按钮。

（4）弹出图 10-28 所示的"导出收藏夹源文件夹"对话框，选中要导出的文件，单击"下一步"按钮。

（5）在图 10-29 所示的"导出收藏夹目标"对话框中单击"浏览"按钮，指定 IE 收藏夹要备份到的路径和备份文件名，单击"保存"按钮。

图 10-26 导入和导出命令

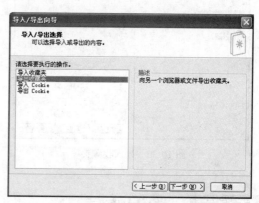

图 10-27 导出收藏夹

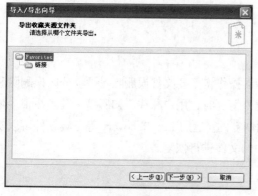

图 10-28 导出收藏夹源文件夹

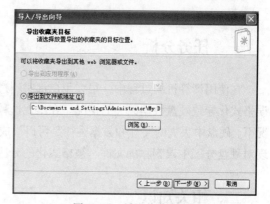

图 10-29 导出收藏夹目标

（6）在"导出收藏夹目标"对话框中单击"下一步"按钮，开始进行 IE 收藏夹的导出。导出完成后，出现"收藏夹导出成功"对话框，单击"确定"按钮，完成 IE 收藏夹的备份。

（二）还原 IE 收藏夹

重装系统后，可以使用 IE 收藏夹的导入功能来还原 IE 收藏夹。

（1）打开"导入/导出向导"对话框。在 IE 浏览器菜单栏中执行"文件"—"导入和导出"命令，如图 10-26 所示。

（2）在弹出的"导入/导出向导"对话框中单击"下一步"按钮。

（3）在弹出的对话框中选择"导入收藏夹"选项，如图 10-30 所示。单击"下一步"按钮。

（4）弹出图 10-31 所示的"导入收藏夹的来源"对话框，单击"浏览"按钮，指定之前备份过的 IE 收藏夹的路径和备份文件名，单击"保存"按钮。

（5）返回"导入收藏夹的来源"对话框，单击"下一步"按钮。

（6）在"导入收藏夹的目标文件夹"中选中"Favorites"文件夹，单击"下一步"按钮。

（7）导入完成后会出现"收藏夹导入成功"提示对话框，单击"确定"按钮，完成 IE 收藏夹的还原。

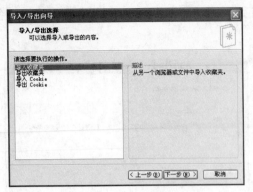

图 10-30　导入收藏夹

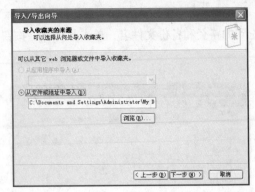

图 10-31　导入收藏夹的来源

任务五　数据恢复

一、任务分析

在使用计算机的过程中，很多用户都碰到过因误操作将重要文件误删除、硬盘分区误删除和误格式化导致硬盘数据丢失的情况。在出现这种意外情况时，用户往往不知所措。其实在很多情况下，硬盘中丢失的文件和数据往往是可以被成功恢复的。运用 EasyRecovery 等工具软件可以实现对硬盘分区中误删除的文件、被格式化的分区中的文件进行恢复。

二、相关知识

EasyRecovery 提供了磁盘诊断、数据恢复、文件修复、邮件修复等功能模块，界面如图 10-32 所示。

其中数据恢复功能包括高级恢复（自行定义数据恢复）、删除恢复（恢复误删除的文件）、格式化恢复（恢复误格式化的分区中的文件）、原始恢复（不依赖于现有的文件结构进行恢复）等几种不同的恢复方式，如图 10-33 所示。

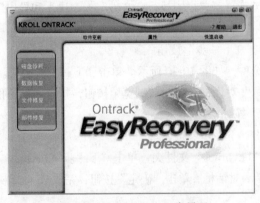

图 10-32　EasyRecovery 主界面

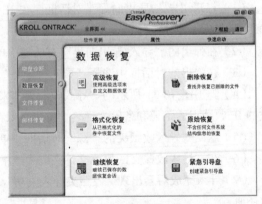

图 10-33　数据恢复界面

三、任务实施

（一）恢复误删除的文件

（1）启动工具软件 EasyRecovery，选择左侧导航栏中的"数据恢复"选项。

（2）单击"删除恢复"图标，打开图 10-34 所示的对话框，选择需要恢复删除的文件的分区以及所要恢复的文件类型。

（3）单击"下一步"按钮，开始扫描所选分区，并显示当前扫描的进度。

（4）扫描完成之后，打开图 10-35 所示的界面，其中列出了扫描的结果，左侧为目录结构，右侧为文件信息。

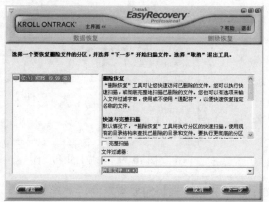

图 10-34　选择需要恢复删除文件的分区

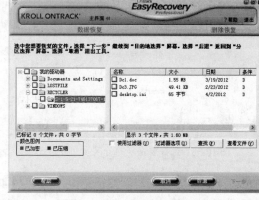

图 10-35　扫描到的目录及文件

（5）选择需要恢复的文件或目录。例如，在上图中选择"Dc1.doc"和"Dc3.JPG"文件，单击"下一步"按钮，打开图 10-36 所示的窗口，用户可以设置恢复数据的目的地，单击"浏览"按钮进行选择。

如果恢复数据的目的地和原删除文件所在分区在同一个分区，会打开图 10-37 所示的错误提示对话框，单击"确定"按钮后返回图 10-36 所示的界面，将恢复数据的目的地选在不同分区。

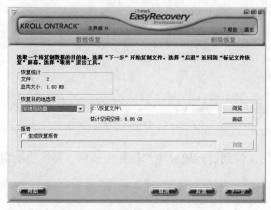

图 10-36　设置恢复数据的目的地

图 10-37　错误提示

（6）单击"下一步"按钮，开始恢复扫描到的文件到目标地址中。恢复完成后，系统会给出本次恢复的相关信息报告，至此，数据恢复完成。

（二）恢复误格式化的驱动器中的文件

（1）在图 10-33 所示的界面中单击"格式化恢复"图标，打开图 10-38 所示的窗口，选择需要恢复的分区及格式化之前的文件系统格式。

（2）单击"下一步"按钮，出现确定区块大小的进度条，所需时间取决于所选分区的大小和文件系统格式。

（3）区块扫描完成之后，开始扫描分区格式化之前的目录和文件，如图 10-39 所示。

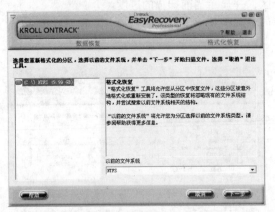

图 10-38　选择要恢复的分区及文件系统

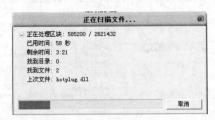

图 10-39　扫描目录和文件

（4）扫描完成之后显示扫描结果，如图 10-40 所示。在这里选择需要恢复的目录及文件。

（5）单击"下一步"按钮，打开图 10-41 所示的界面，设置恢复数据的目的地，单击"浏览"按钮进行选择。

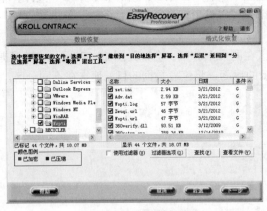

图 10-40　扫描结果

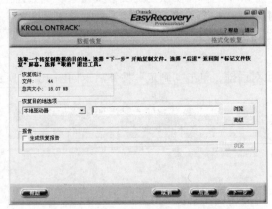

图 10-41　恢复数据的目的地

（6）单击"下一步"按钮，开始恢复扫描到的文件到目标地址中。恢复完成后，系统会给出本次恢复的相关信息报告，完成数据恢复。

（三）高级恢复

高级恢复方式允许用户更灵活地进行数据的恢复。

（1）在图 10-33 所示的界面中单击"高级恢复"图标，打开图 10-42 所示的界面。

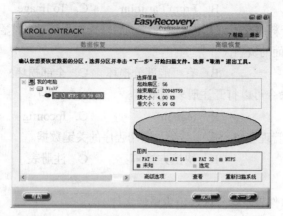

图 10-42 高级恢复

（2）先在左侧选择要恢复数据的分区，然后单击"高级选项"按钮，打开图 10-43 所示的"高级选项"对话框。

该对话框中共有"分区信息"、"文件系统扫描"、"分区设置"和"恢复选项" 4 个选项卡，指定了恢复扇区范围在 56000～209487 之间的数据，用户可根据需要进行设置。

（3）指定完高级选项后，单击"确定"按钮，返回图 10-42 所示的界面，单击"下一步"按钮，开始扫描目录和文件，如图 10-44 所示。

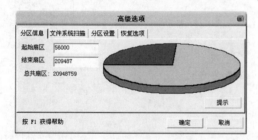

图 10-43 "高级选项"对话框

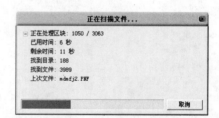

图 10-44 扫描目录及文件

（4）扫描完成之后显示扫描结果，先后选择需要恢复的目录及文件、设置恢复数据的目的地进行数据恢复。因与前面的操作类似，此处不再赘述。

课后习题

一、选择题

1. 要备份镜像文件，可以在 DOS 版的 GHOST 界面下选择（ ）。

    A. To Disk   B. From Partition

    C. To Image   D. From Image

2．要还原镜像文件，可以在 DOS 版的 GHOST 界面下选择（　　　）。

    A．To Disk   B．From Partition   C．To Image   D．From Image

3．小王将重要的资料放在了计算机的桌面上，后来操作系统被破坏会他用 GHOST 进行了系统恢复，他以前放在桌面的资料（　　　）。

    A．不会损坏   B．有可能部分损坏   C．全部损坏   D．说不清

4．使用（　　　）命令可以打开注册表编辑器。

    A．dir   B．regedit   C．Ipconfig   D．delete

5．（　　　）存储并管理着整个操作系统及应用程序的关键数据。

    A．输入法   B．快捷方式   C．注册表   D．桌面

二、实训题

1．使用 GHOST 软件将系统分区备份为镜像文件。

2．在已有系统镜像文件的基础上，利用 GHOST 软件进行系统还原。

3．使用软件 EasyRecovery 恢复误删除的文件。

第11章
局域网架设与连接

任务一　局域网的组建

一、任务分析

通过硬件设备组建局域网。除了正确连接硬件外，还要掌握局域网内计算机的配置，实现局域网内计算机的相互访问。

二、相关知识

局域网（Local Area Network，LAN）是指在某一区域内由多台计算机互联组成的计算机组。"某一区域"可以是同一办公室、同一建筑物、同一公司或同一学校等。局域网是封闭型的，可以由办公室的两台计算机组成，也可以由一个公司内的上千台计算机组成。

（一）上网需要的硬件设备

无论是组建局域网，还是接入 Internet，都需要有相关的硬件设备，如网线、网卡、调制解调器、路由器等。通常情况下不用另外购买网卡，因为现在的主板都集成有网卡，而网线、调制解调器、路由器则需要用户另行购买。

1. 网线

在局域网中，常见的网线主要有同轴电缆、光纤、双绞线。

（1）同轴电缆。同轴电缆是由相互绝缘的同轴心导体构成的电缆线，抗干扰能力好，数据传输稳定，价格便宜，如图 11-1 所示。

（2）光纤。光纤是由许多根细如发丝的玻璃纤维外加绝缘套组成的，抗电磁干扰性极好，保密性强，速度快，传输容量大，但它的价格较贵，如图 11-2 所示。

图 11-1　同轴电缆　　　　　　　　　　　　图 11-2　光纤

（3）双绞线。双绞线是由许多对线组成的数据传输线，它的特点是价格便宜，如图 11-3 所示。

图 11-3　双绞线

对于普通用户来说，前面两种很少使用，生活中使用最多的网线是双绞线。

双绞线又分为交叉双绞线和平行双绞线，分别用于不同的场合。用于连接路由器的是平行双绞线（计算机和路由器之间的连接），而用于两台计算机之间互连的网线则是交叉双绞线。平行双绞线不能用于计算机与计算机的互连，交叉双绞线也不能用来连接计算机和路由器。

双绞线里面有 4 条全色芯线，颜色分别为棕色、橙色、绿色和蓝色，每对线都是相互缠绕在一起的。制作网线时必须将 4 个线对的 8 条细导线拆开、理顺并捋直，然后按照规定的线序排列整齐。

目前，最常用的布线标准有 2 个，即 T568A 标准和 T568B 标准。如果要制作平行双绞线，那么网线的两头需要做成相同的，即同为 T568A 和 T568A 或同为 T568B 和 T568B。如果要制作交叉双绞线，则两头需要做成不同的，即要制作成 T568A 和 T568B。

T568A 标准描述的线序从左到右依次为 1—白绿、2—绿、3—白橙、4—蓝、5—白蓝、6—橙、7—白棕、8—棕。

T568B 标准描述的线序从左到右依次为 1—白橙、2—橙、3—白绿、4—蓝、5—白蓝、6—绿、7—白棕、8—棕，如图 11-4 所示。

制作双绞线时，除了必不可少的双绞线和水晶头以外，还必须要有压线钳，用于卡住 BNC 连接器外套与基座，它有一个用于压线的六角缺口，压线钳如图 11-5 所示。

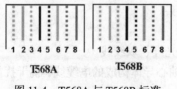

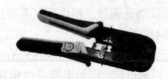

图 11-4　T568A 与 T568B 标准　　　　　　图 11-5　压线钳

2．网卡

网卡也叫"网络适配器"，英文全称为 Network Interface Card，简称 NIC。网卡是局域网中最基本的部件之一，是连接计算机与网络的硬件设备。网络无论是双绞线连接、同轴电缆连接还是光纤连接，都必须借助于网卡才能实现数据的通信。

（1）集成网卡。目前市场上销售的主板中都集成了网卡的主控制芯片，也就是经常所说的集成网卡，它与网线是通过 RJ-45 接口连接的，如图 11-6 所示。

图 11-6　集成网卡

（2）独立网卡。独立网卡接插于主板 PCI 插槽上。由于主板有集成网卡，一般无须购买独立网卡。它与网线也是通过 RJ-45 接口连接的，如图 11-7 所示。

（3）内置无线网卡。内置无线网卡也是接插于主板的 PCI 插槽上的，不过它不需要利用网线连接，如图 11-8 所示。

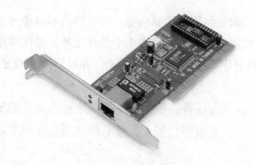

图 11-7　独立网卡

图 11-8　无线网卡

（4）USB 无线网卡。USB 无线网卡也叫外置无线网卡，它只需要连接在主机的 USB 接口上即可使用，如图 11-9 所示。

3．调制解调器

调制解调器即人们常说的 Modem，是 Modulator（调制器）与 Demodulator（解调器）的合称。它是在发送端通过调制将数字信号转换为模拟信号，然后在接收端通过解调再将模拟信号转换为数字信号的一种装置。一般来说，根据 Modem 的形态和安装方式，可以将其大致分为内置式 Modem、外置式 Modem。

图 11-9　USB 无线网卡

（1）内置式 Modem。内置式 Modem 要占用主板上的扩展槽，但无须额外的电源与电缆，价格比外置式 Modem 要低，如图 11-10 所示。

（2）外置式 Modem。外置式 Modem 方便灵巧、易于安装，闪烁的指示灯便于监视 Modem 的工作状况，但外置式 Modem 需要使用额外的电源与电缆，如图 11-11 所示。

图 11-10　内置式 Modem

图 11-11　外置式 Modem

（二）局域网的作用

组建局域网有以下作用：

（1）资源共享。包括硬件资源共享、软件资源共享及数据库共享。在局域网内的各用户可以共享硬件资源，例如大型外部存储器、绘图仪、激光打印机、图文扫描仪等特殊外设；还可以共享网络上的系统软件和应用软件，避免重复投资及重复劳动。网络技术可以使大量分散的数据能迅速集中、分析和处理，分散在局域网内的计算机用户可以共享网内的大型数据库，而不必重新设计这些数据库。

（2）数据传输和电子邮件传送。数据和文件的传输是网络的重要功能，局域网内不仅能传送文件和数据信息，还可以传送声音和图像信息。局域网站点之间可提供电子邮件服务，某网络用户可以输入信件并传送给另一个用户，收信人可以打开电子邮箱阅读处理邮件，并可写回信回复，既节省纸张又快捷方便。

（3）提高系统的可靠性。局域网中的计算机可以互为后备，避免了单机系统可能出现的故障导致系统瘫痪，大大提高了系统的可靠性，特别在工业过程控制、实时数据处理等应用中尤为重要。

（4）易于分布处理。局域网利用网络技术将多台计算机连成具有高性能的系统，通过一定算法，将较大型的综合性问题分给不同的计算机去完成。另外，在网络上可以建立分布式数据库系统，使整个系统的性能大大提高。

三、任务实施

（一）连接局域网计算机

组建局域网的第一步是物理连接，我们须将所有要接入局域网的计算机都通过网线连接到路由器、集线器或者交换机中任意一种上，具体连接方法如图 11-12 所示。

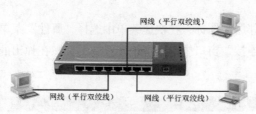

图 11-12　连接局域网计算机

（二）配置计算机

1．设置工作组

将所有在局域网内的计算机都设置为相同的工作组，这样在局域网中才能通过网上邻居查看网络内的其他计算机。具体设置如下。

（1）右键点击"我的电脑"，选择快捷菜单中的"属性"菜单项。

（2）在弹出的"系统属性"对话框中选择"计算机名"选项卡，如图 11-13 所示。单击"更改"按钮。

（3）打开"计算机名称更改"对话框中，选中"隶属于"选项区域中的"工作组"单选按钮，输入工作组名，如"MYOFFICE"，单击"确定"按钮，如图 11-14 所示。

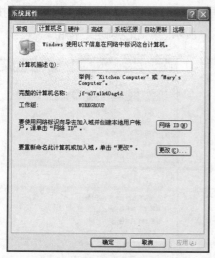

图 11-13　系统属性对话框

图 11-14　设置工作组

（4）弹出"计算机名更改"提示框，如图 11-15 所示。单击"确定"按钮。

（5）继续弹出"计算机名更改"提示框，如图 11-16 所示。单击"确定"按钮。

（6）连续单击两次"确定"按钮后，弹出"系统设置改变"对话框，如图 11-17 所示。单击"是"按钮重新启动计算机即可。

图 11-15　"计算机名更改"提示框

图 11-16　"计算机名更改"对话框

图 11-17　"系统设置改变"对话框

2．设置 IP 地址

（1）右键点击"网上邻居"图标，在快捷菜单中选择"属性"菜单项。

（2）右键点击"网络连接"窗口中的"本地连接"图标，在弹出的快捷菜单中选择"属性"选项，如图 11-18 所示。

图 11-18　本地连接

（3）在弹出的"本地连接 属性"对话框中选择"常规"选项卡，如图 11-19 所示。在"此连接使用下列项目"列表框中单击"Internet 协议（TCP/IP）"选项，再单击"属性"按钮。

（4）在"Internet 协议（TCP/IP）属性"对话框中选中"使用下面的 IP 地址"单选按钮，输入 IP 地址、子网掩码、默认网关和 DNS，如图 11-20 所示。单击"确定"按钮。

图 11-19　"本地连接 属性"对话框

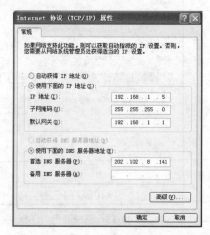

图 11-20　Internet 协议（TCP/IP）属性

"IP 地址"可设置为"192.168.1.X"，X 表示 0～255 中的任意数，且每台计算机设置的数值都不一样。当局域网内的计算机数目较少时，子网掩码、默认网关、首选 DNS 服务器、备用 DNS 服务器的值都是一样的。如子网掩码可以设置为"255.255.255.0"，默认网关可以设置为"192.168.1.1"。

3．设置访问权限

IP 地址和工作组都设置好之后，在"网上邻居"窗口中就能看见局域网中其他用户的计算机了，但此时计算机之间还不能相互访问，还需要在每台计算机上都设置用户的访问权限。

（1）执行"开始"—"运行"命令，打开"运行"对话框。

（2）打开"运行"对话框中，在文本框中输入"gpedit.msc"命令。如图 11-21 所示。

（3）在"组策略"窗口左侧依次展开"计算机配置"—"Windows 设置"—"安全设置"—"本地策略"—"用户权利指派"选项，右键单击"从网络访问此计算机"选项，如图 11-22 所示，选择"属性"快捷菜单项。

图 11-21　"gpedit.msc"命令　　　　图 11-22　指定"从网络访问此计算机"组策略

（4）在"从网络访问此计算机 属性"对话框中选择"本地安全设置"选项卡，查看列表框内是否有"Everyone"选项，如果有，则跳到"步骤（10）"。如果没有"Everyone"选项可单击"添加用户或组"按钮，如图 11-23 所示。

（5）在弹出的"选择用户或组"对话框中单击"高级"按钮，如图 11-24 所示。

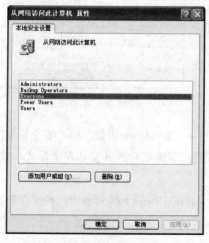

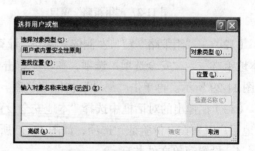

图 11-23　本地安全设置　　　　　图 11-24　"选择用户或组"对话框

（6）在"选择用户或组"高级界面中单击"立即查找"按钮，如图 11-25 所示。

（7）在对话框下部的列表框中会出现各种用户的名称，选择"Everyone"选项，如图 11-26 所示，单击"确定"按钮。

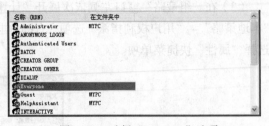

图 11-25　立即查找　　　　　　　　　　图 11-26　选择"Everyone"选项

（8）返回后可看到 Everyone 被添加到了列表框中，单击"确定"按钮。

（9）此时会弹出一个"确认设置更改"提示框，单击"是"按钮。

（10）返回"组策略"窗口，在"用户权利指派"右侧窗口中右击"拒绝从网络访问这台计算机"选项，如图 11-27 所示。再单击"属性"快捷菜单项。

（11）打开"拒绝从网络访问这台计算机 属性"对话框，在"本地安全设置"选项卡中间的列表框中选中 Guest 选项，单击"删除"按钮，如图 11-28 所示。再单击"确定"按钮保存退出。

图 11-27　"组策略"窗口　　　　　　　　图 11-28　本地安全设置

（12）在"组策略"窗口左侧依次展开"计算机配置"—"Windows 设置"—"安全设置"—"本地策略"—"安全选项"选项，在右侧右击"网络访问：本地账户的共享和安全模式"选项，如图 11-29 所示。再单击"属性"快捷菜单项。

（13）在弹出的对话框中选择"本地安全设置"选项卡，在中间的下拉列表中选择"仅来宾—本地用户以来宾身份验证"选项，如图 11-30 所示。

4．设置简单文件共享

经过前面的一系列设置，局域网基本组建完成。如果要顺利进行局域网内计算机的互访，还需将各计算机的文件共享方式设置为简单文件共享。设置方法如下：

在"资源管理器"窗口中执行"工具"—"文件夹选项"命令，如图 11-31 所示。

弹出"文件夹选项"对话框，选择"查看"选项卡。在"高级设置"中，勾选"使用简单文件共享（推荐）"复选框，如图 11-32 所示。

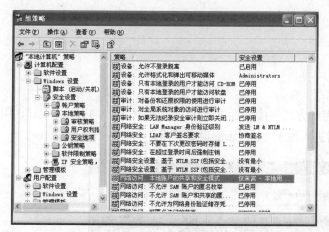

图 11-29　组策略

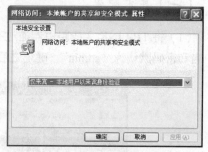

图 11-30　本地安全设置

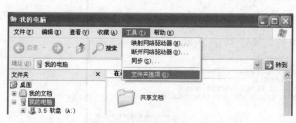

图 11-31　文件夹选项

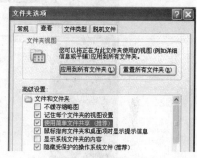

图 11-32　"查看"选项卡

任务二　无线路由器的配置与使用

一、任务分析

无线路由器是带有无线覆盖功能的路由器，它主要应用于用户上网和无线覆盖。借助于无线路由器，可以使计算机、手机、iPad 等设备以无线方式非常方便地访问互联网。无线路由器已经在家庭用户中得到了广泛应用，本任务将介绍无线路由器的配置与使用。

二、相关知识

无线路由器的基本功能：无线路由器可以看作一个转发器，将居民家庭或办公室中墙上接出的宽带网络信号通过天线转发给附近的无线网络设备（笔记本计算机、支持 wifi 的手机等）。市场上流行的无线路由器一般都支持专线 XDSL/Cable，动态 XDSL，PPTP 四种接入方式，它还具有其他一些网络管理的功能，如 DHCP 服务、防火墙、MAC 地址过滤等功能。

无线路由器可以与所有以太网接的 ADSL MODEM 直接相连，也可以在使用时通过交换机/集线器、宽带路由器等局域网方式再接入。

三、任务实施

（一）基本配置

（1）将 TP-LINK 无线路由器通过有线方式连接好后，在 IE 浏览器中输入"192.168.1.1"，用户名和密码默认为"admin"，确定之后进入图 11-33 所示的设置界面。

图 11-33　无线路由器设置主界面

（2）打开界面以后会弹出一个设置向导的页面，单击"下一步"按钮进行简单的安装设置，打开图 11-34 所示的界面。

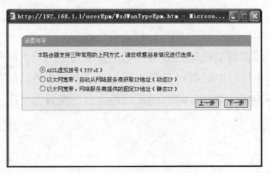

图 11-34　选择上网方式

（3）在选择"上网方式"时，ASDL 拨号上网的用户通常选择第一项 PPPoE 来进行下一步设置。如果是局域网内或者通过其他特殊网络连接（如通过其他计算机上网之类）可以选择以下两项"以太网宽带"来进行下一步设置。

（4）进入到 ADSL 拨号上网的账号和口令输入界面，如图 11-35 所示，按照提示输入网络服务提供商所提供的上网账号和密码，然后单击"下一步"按钮。

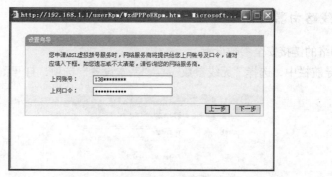

图 11-35　设置上网账号与口令

（5）接下来打开图 11-36 所示的界面，设置路由器无线网络的基本参数，共有"无线状态"、"SSID"、"信道"、"模式"等 4 项参数。

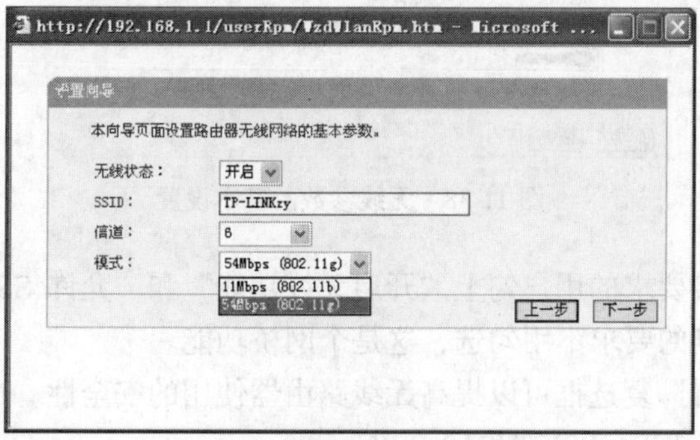

图 11-36　设置无线网络基本参数

无线状态只有设置为"开启"，才能在以后使自己的路由器允许被无线连接。

SSID 项可以根据自己的爱好来修改添加，此参数是在搜索无线连接的时候，路由器所对应的识别名称。

信道这一项共有 13 个数字可供选择，用来设置路由的无线信号频段。如果附近有多台无线路由，可以在这里设置使用其他信道，避免无线连接上的冲突。

模式选项对应的是 TP-LINK 无线路由的几个基本无线连接工作模式，11Mbps（802.11b）最大工作速率为 11Mbps；54Mbps（802.11g）最大工作速率为 54Mbps，也向下兼容 11Mbps。

设置完成后，打开图 11-37 所示的提示，基本的网络参数设置结束。

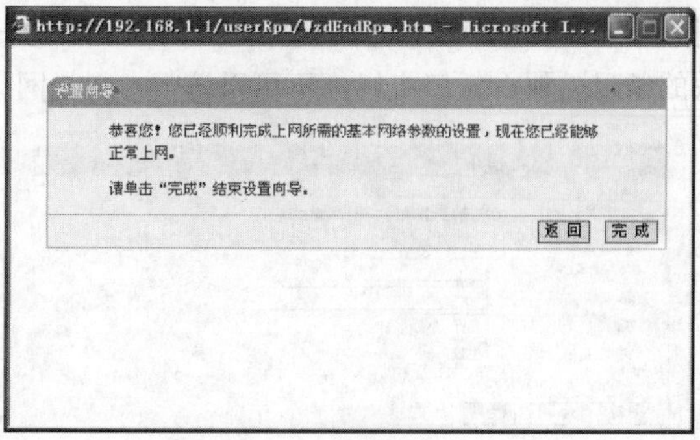

图 11-37　基本参数设置结束

（二）无线路由器的高级配置

1. 无线网络的链接安全参数设置

在左侧的导航栏中，选择"无线参数"—"基本设置"选项，打开图 11-38 所示的界面。

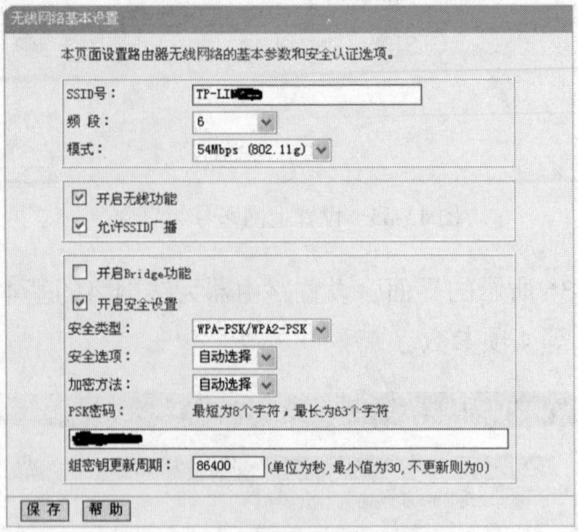

图 11-38　无线参数的基本设置

建议有无线网络连接要求的用户勾上"开启无线功能"和"允许 SSID 广播"复选框。开启 Bridge 功能如果没有特别的要求不用勾选，这是个网桥功能。

勾选"开启安全设置"复选框可以提高无线路由器使用的安全性。这里的安全类型主要有 3 个：WEP、WPA/WPA2、WPA-PSK/WPA2-PSK。

（1）WEP 安全类型。对应的安全选项有 3 个：自动选择（根据主机请求自动选择使用开放系统或共享密钥方式）、开放系统（使用开放系统方式）、共享密钥（使用共享密钥方式）。

（2）WPA/WPA2 安全类型。用 Radius 服务器进行身份认证并得到密钥的 WPA 或 WPA2 模式，WPA/WPA2 或 WPA-PSK/WPA2-PSK 的加密方式都一样包括自动选择、TKIP 和 AES。

（3）WPA-PSK/WPA2-PSK 安全类型（基于共享密钥的 WPA 模式）。这里的设置和之前的 WPA/WPA2 大致类同，PSK 密码是 WPA-PSK/WPA2-PSK 的初始密码，最短为 8 个字符，最长为 63 个字符。

2. 无线网络 MAC 地址过滤设置

在左侧的导航栏中，选择"无线参数"—"MAC 地址过滤"选项，打开图 11-39 所示的界面，利用 MAC 地址过滤功能对无线网络中的主机进行访问控制。如果开启了无线网络的 MAC 地址过滤功能，并且过滤规则选择了"禁止列表中生效规则之外的 MAC 地址访问本无线网络"，而过滤列表中又没有任何生效的条目，那么任何主机都不可以访问本无线网络。

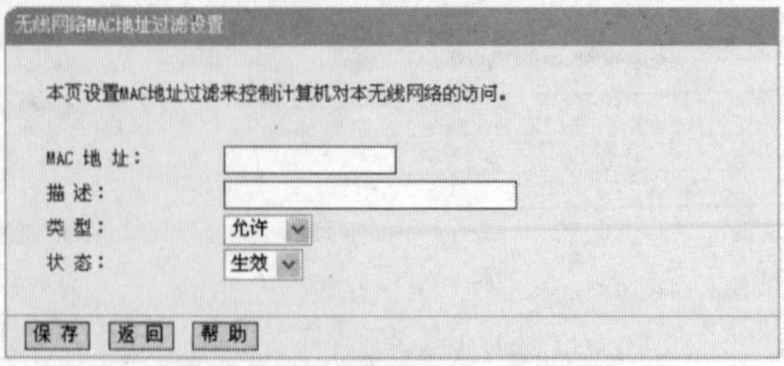

图 11-39　MAC 地址过滤

3．DHCP 服务

TCP/IP 协议设置包括 IP 地址、子网掩码、网关、以及 DNS 服务器等，为局域网中所有的计算机正确配置 TCP/IP 协议并不是一件容易的事，DHCP 服务器提供了这种功能，可以让 DHCP 服务器自动配置局域网中各计算机的 TCP/IP 协议。

在左侧的导航栏中选择"DHCP 服务器"—"DHCP 服务"选项，打开图 11-40 所示的界面。

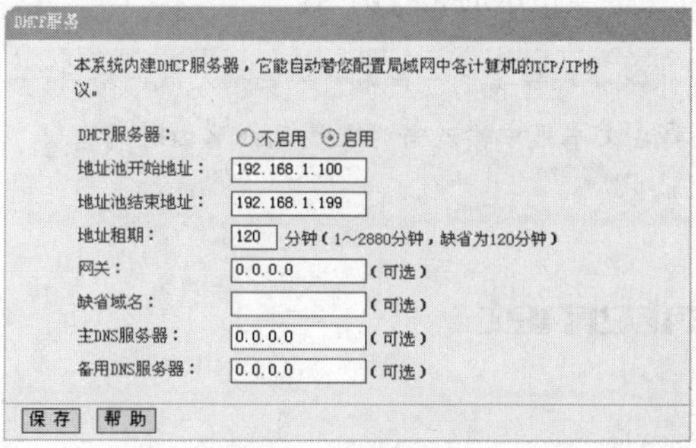

图 11-40　DHCP 服务

通常保留它的默认设置（如上图）就基本没什么问题。建议在 DNS 服务器中填上网络提供商所提供的 DNS 服务器地址，有助于稳定快捷的网络连接。

在 DHCP 服务器的客户端列表里，用户可以看到已经分配了的 IP 地址、子网掩码、网关、以及 DNS 服务器等。

4．防火墙

普通家用路由器的内置防火墙功能比较简单，但也能满足普通大众用户的一些基本安全要求。为了上网能多一层保障，开启路由器自带的防火墙是个不错的保障选择。

在左侧的导航栏中选择"安全设置"—"防火墙设置"选项，打开图 11-41 所示的界面，可以选择开启"IP 地址过滤"、"域名过滤"、"MAC 地址过滤"、"高级安全设置"等防火墙功能。

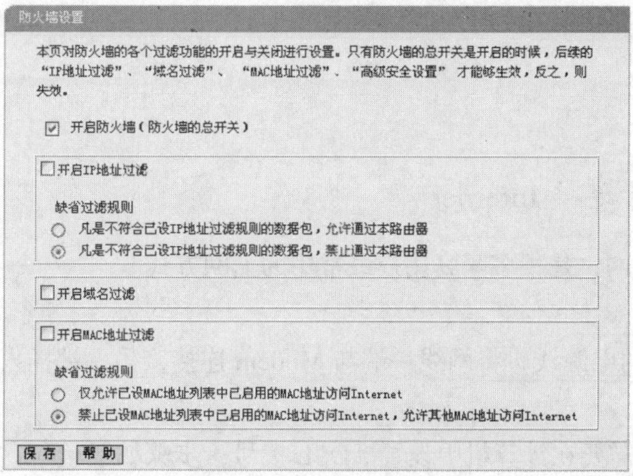

图 11-41　防火墙设置

（三）无线路由器的使用

正确配置了无线路由器之后，接通无线路由器的电源，并将入户的宽带网络信号用网线接入无线路由器，就可以直接使用了。

启动计算机后，在任务栏右侧会出现无线网络的标志，Windows 在默认情况下会自动连接无线网络，如果没有自动连接，点击任务栏中的无线网络标志，打开图 11-42 所示的无线网络连接。

单击所需连接的无线网络名称（该名称即图 11-36 中的 SSID），再单击"连接"按钮，即可连接至指定的无线网络。

> 注意：如果无线路由器中指定了连接密码，在第一次连接无线网络时，会要求用户输入安全密钥，只要在文本框中输入当时配置无线路由时的密码，单击"确定"按钮即可。

图 11-42　无线网络连接

任务三　连接 Internet

一、任务分析

Internet 可以连接各种各样的计算机系统和网络，不管它们处于哪里，具有哪种规模，只要遵守共同的网络通信协议（TCP/IP），便可以加入 Internet 中。本任务将介绍家庭上网常用的 ADSL 拨号方式连接 Internet 及移动宽带连接 Internet。

二、相关知识

因特网，即 Internet，是由许多小的网络互联而成的一个逻辑网，每个子网中连接着若干台计算机。Internet 以相互交流信息资源为目的，基于一些共同的协议，并通过许多路由器和公共互联网互联而成，它是一个信息资源和资源共享的集合。

三、任务实施

（一）ADSL 拨号连接 Internet

通过 ADSL 拨号上网，是很多家庭用户最常用的上网方式。

1. 连接

首先接好 Modem 的电源线，将网线一端与 Modem 连接，另一端插入计算机网卡的网线孔。

2. 设置

硬件连接好后，还需要在计算机中设置 ADSL 拨号，步骤如下。

（1）执行"开始"—"设置"—"控制面板"命令，如图 11-43 所示。

（2）双击"网络连接"图标。

（3）打开"网络连接"窗口，单击"网络任务"中的"创建一个新的连接"链接。如图 11-44 所示。

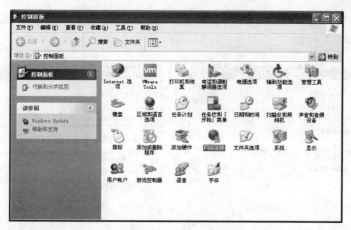

图 11-43　控制面板

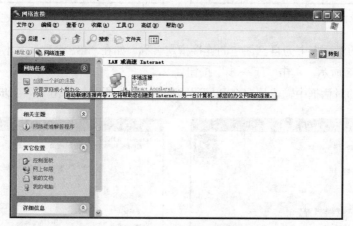

图 11-44　创建新的连接

（4）打开"新建连接向导"对话框，单击"下一步"按钮。

（5）弹出"网络连接类型"，选择"连接到 Internet"选项，如图 11-45 所示。单击"下一步"按钮。

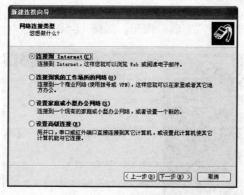

图 11-45　网络连接类型

（6）在打开的对话框中选择"手动设置我的连接"单选按钮，如图 11-46 所示。单击"下一步"按钮。

（7）在打开的对话框中选择"用要求用户名和密码的宽带连接来连接"单选按钮，如图 11-47 所示。单击"下一步"按钮。

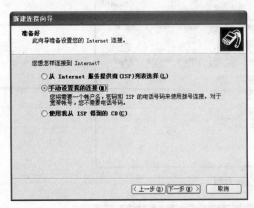

图 11-46　手动设置

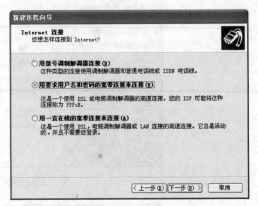

图 11-47　Internet 连接

（8）在打开的对话框中为自己创建的连接指定名称，如在"ISP 名称"文本框中输入"ADSL 拨号"，如图 11-48 所示。单击"下一步"按钮。

（9）在打开的对话框中输入用户名和密码，如图 11-49 所示。单击"下一步"按钮。

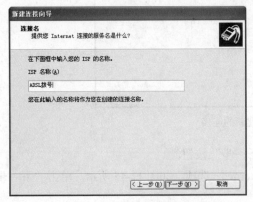

图 11-48　指定连接名称

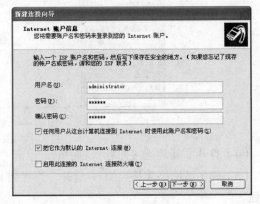

图 11-49　输入账户信息

（10）在打开的对话框中单击"完成"按钮，如图 11-50 所示。

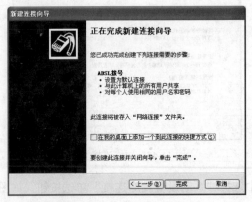

图 11-50　完成新建连接向导

（11）单击"完成"按钮后，弹出"连接 ADSL 拨号"对话框，如图 11-51 所示。单击"连接"按钮，即可开始 ADSL 连接，连接成功后，就可以访问 Internet 网络了。

创建了拨号连接之后，需要连接网络时，可以通过执行"开始"菜单—"连接到"命令，选择指定的连接名称，如图 11-52 所示。

图 11-51 连接 ADSL 拨号

图 11-52 拨号连接

（二）移动宽带连接 Internet

移动宽带是由中国移动通信集团授权江苏铁通推出的家庭宽带，目前推广的家庭业务是光纤宽带，具有速度更快、质量更稳定、价格优惠等特点。

移动宽带不需要宽带 Modem。它是由光纤接入小区，再通过双绞线接入家庭。在硬件方面，直接用双绞线将移动宽带连接至计算机，然后类似于上一任务"ADSL 拨号连接 Internet"，在控制面板中新建连接，打开"Internet 连接"对话框，选择"用要求用户名和密码的宽带连接来连接"选项。

打开"Internet 账户信息"对话框，在"用户名"文本框中输入用户的移动手机号，如图 11-53 所示。

新建连接创建好之后，后续的使用过程与"ADSL 拨号连接 Internet"相似，不再赘述。

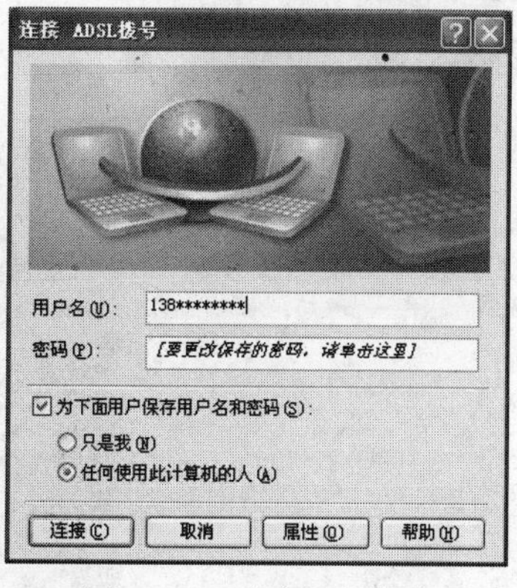

任务四 掌握常用网络命令

图 11-53 移动宽带连接

一、任务分析

在网络使用过程当中，难免会出现一些网络故障。掌握常用的网络命令，有助于检查网络状态，分析判定网络故障。

二、相关知识

1. ping 命令

ping 在 Windows 系统下是自带的一个可执行命令，利用它可以检查网络是否能够连通，用好它可以很好地帮助我们分析判定网络故障。

ping 命令所利用的原理是这样的：利用网络上机器 IP 地址的唯一性，给目标 IP 地址发送一个数据包，再要求对方返回一个同样大小的数据包来确定两台网络机器是否连接相通，时延是多少。

2. ipconfig 命令

ipconfig 命令可用于显示当前 TCP/IP 配置的设置值，这些信息一般用来检验人工配置的 TCP/IP 设置是否正确，了解计算机当前的 IP 地址、子网掩码和默认网关实际上是进行测试和故障分析的必要项目。

三、任务实施

（一）ping 命令的使用

1. ping 命令的参数

ping [-t] [-a] [-n count] [-l size] [-f] [-i TTL] [-v TOS] [-r count] [-s count] [[-j host-list] | [-k computer-list]]

[-w timeout] target_name

这里的参数较多，不容易记忆，可以在"运行"对话框中输入"cmd"命令，在出现的命令窗口中输入"ping /?"，按 Enter 键，打开图 11-54 所示的帮助画面，里面详细列出了 ping 命令的参数。

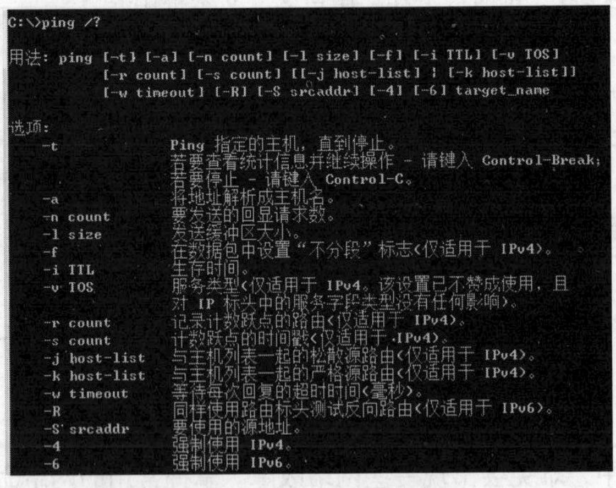

图 11-54　ping 命令的参数

【参数说明】

—t：一直 Ping 指定的计算机，直到从键盘按下 Ctrl+C 组合键中断。

—a：将地址解析为计算机 NetBios 名。

—n：发送 count 指定的 ECHO 数据包数。通过这个命令可以自己定义发送的个数，对衡量网络速度很有帮助。能够测试发送数据包的返回平均时间，以及时间的快慢程度。默认值为 4。

—l：发送指定数据量的 ECHO 数据包。默认为 32B；最大值是 65500B。

—f：在数据包中发送"不分段"标志，数据包就不会被路由上的网关分段。通常所发送的数据包都会通过路由分段再发送给对方，加上此参数以后路由就不会再分段处理。

—i：将"生存时间"字段设置为 TTL 指定的值。指定 TTL 值在对方的系统里停留的时间，同时检查网络运转的情况。

—v TOS：将"服务类型"字段设置为 TOS 指定的值。

—r：在"记录路由"字段中记录传出和返回数据包的路由。通常情况下，发送的数据包是通过一系列路由才到达目标地址的，通过此参数可以设定，想探测经过路由的个数。限定能跟踪到 9 个路由。

—s：指定 count 指定的跃点数的时间戳。与参数"–r"差不多，但此参数不记录数据包返回所经过的路由，最多只记录 4 个。

—w：timeout 指定超时间隔，单位为 ms。

target_name：指定要 ping 的远程计算机。

一般情况下，通过 ping 目标地址，可让对方返回 TTL 值的大小，通过 TTL 值可以粗略判断目标主机的系统类型是 Windows 还是 UNIX/Linux。一般情况下，Windows 系统返回的 TTL 值在 100～130 之间，而 UNIX/Linux 系统返回的 TTL 值在 240～255 之间。但 TTL 的值是可以修改的。

2．ping　***网址

例如，ping "www.baidu.com"，如果能 ping 通，则返回图 11-55 所示的结果。

后面的"时间=27ms"（对应英文信息为：time=27ms）是响应时间，这个时间越小，说明连接这个网址的速度越快。

3．ping 本机 IP

例如本机 IP 地址为：192.168.1.100。则执行命令"Ping 192.168.1.100"。如果网卡安装配置没有问题，则返回图 11-56 所示的结果。

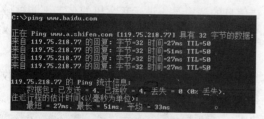

图 11-55　ping 指定网址　　　　　　　　　　图 11-56　ping 本机

如果执行此命令显示内容为：Request timed out，则表明网卡安装或配置有问题。将网线断开再次执行此命令，如果显示正常，则说明本机使用的 IP 地址可能与另一台正在使用的机器 IP 地址重复了。如果仍然不正常，则表明本机网卡安装或配置有问题，需继续检查相关网络配置。

4．使用 Ping 命令来测试网络连通性

连通问题是由许多原因引起的，如本地配置错误、远程主机协议失效等，当然还包括设备等造成的故障。可以使用 Ping 命令检查网络的连通性，包括以下 6 个步骤。

（1）使用 "ipconfig /all" 观察本地网络设置是否正确。

（2）"Ping 127.0.0.1"，127.0.0.1 称为回送地址，Ping 回送地址是为了检查本地的 TCP/IP 协议有没有设置好。

（3）Ping 本机 IP 地址，这样是为了检查本机的 IP 地址是否设置有误。

（4）Ping 本网网关或本网 IP 地址，这样是为了检查硬件设备是否有问题，也可以检查本机与本地网络连接是否正常（在非局域网中这一步骤可以忽略）。

（5）Ping 本地 DNS 地址，这样做是为了检查 DNS 是否能够正确解析 IP。

（6）Ping 远程 IP 地址，这主要是检查本网或本机与外部的连接是否正常。

5．Ping 命令的各类反馈信息

（1）返回 "Request timed out"（请求超时）可能由于以下原因：

① 对方已关机。

② 对方与自己不在同一网段内，通过路由也无法找到对方。

③ 对方确实存在，但设置了 ICMP 数据包过滤（比如防火墙设置）。

怎样知道对方是存在还是不存在呢？可以用带参数 "-a" 的 Ping 命令探测对方，如果能得到对方的 NETBIOS 名称，则说明对方是存在的，是有防火墙设置，如果得不到，多半是对方不存在或关机，或不在同一网段内。

④ 错误设置了 IP 地址。

（2）返回 "Destination host Unreachable"（目标主机无法到达）可能由于以下原因：

① 对方与自己不在同一网段内，而自己又未设置默认的路由，或网络上根本没有这个地址。

② 网线出了故障。

这里要说明一下 "destination host unreachable" 和 "time out" 的区别，如果所经过的路由器的路由表中具有到达目标的路由，而目标因为其他原因不可到达，这时候会出现 "time out"，如果路由表中连到达目标的路由都没有，那就会出现 "destination host unreachable"。

（3）Bad IP address 信息表示您可能没有连接到 DNS 服务器，所以无法解析这个 IP 地址，也可能是 IP 地址不存在。

（4）Unknown host——不知名主机。这种出错信息的意思是，该远程主机的名字不能被域名服务器（DNS）转换成 IP 地址。故障原因可能是域名服务器有故障，或其名字不正确，或网络管理员的系统与远程主机之间的通信线路有故障。

（5）No answer——无响应。这种故障说明本地系统有一条通向中心主机的路由，但却接收不到它发给该中心主机的任何信息。故障原因可能是下列之一：中心主机没有工作；本地或中心主机网络配置不正确；本地或中心的路由器没有工作；通信线路有故障；中心主机存在路由选择问题。

例如，请求超时（Request timed out）的结果如图 11-57 所示。

图 11-57　ping 不通

（二）ipconfig 命令

1. ipconfig 命令的参数

ipconfig 命令的完整语法为：

```
ipconfig [/allcompartments] [/? | /all |
         /renew [adapter] | /release [adapter] |
         /renew6 [adapter] | /release6 [adapter] |
         /flushdns | /displaydns | /registerdns |
         /showclassid adapter |
         /setclassid adapter [classid] |
         /showclassid6 adapter |/setclassid6 adapter [classid] ]
```

此处参数较多，不容易记忆，可以在"运行"对话框中输入"cmd"命令，在打开的命令窗口中输入"ipconfig /?"，按 Enter 键，打开图 11-58 所示的帮助画面，里面详细列出了 ipconfig 命令的参数。

【参数说明】

ipconfig /all：显示本机 TCP/IP 配置的详细信息；

ipconfig /release：DHCP 客户端手工释放 IPv4 地址；

ipconfig /release6：DHCP 客户端手工释放 IPv6 地址；

ipconfig /renew：更新指定适配器的 IPv4 地址；

ipconfig /renew6：更新指定适配器的 IPv6 地址；

ipconfig /flushdns：清除本地 DNS 缓存内容；

ipconfig /displaydns：显示本地 DNS 内容；

ipconfig /registerdns：DNS 客户端手工向服务器进行注册；

ipconfig /showclassid：显示网络适配器的 DHCP 类别信息；

ipconfig /setclassid：设置网络适配器的 DHCP 类别。

图 11-58　ipconfig 命令的参数

2. 显示所有网络适配器的完整 TCP/IP 配置信息

在命令窗口中输入"ipconfig /all"，按 Enter 键，打开图 11-59 所示的结果，显示了所有网络适配器（网卡、拨号连接等）的完整 TCP/IP 配置信息。

图 11-59 TCP/IP 配置信息

课后习题

一、选择题

1. 局域网的有线传输介质包括（   ）。

    A．微波传输、卫星传输

    B．微波传输、红外传输、激光传输

    C．双绞线、同轴电缆、光缆

    D．双绞线、微波传输、卫星传输

2. 基于 802.11A 协议的产品传输速度可以达到（   ），这已经是接近有线局域网的速度了。

    A．56KB/s   B．2MB/s

    C．56MB/s   D．100MB/s

3. 在常用的传输介质中，带宽最宽、信号传输衰减最小、抗干扰能力最强的是（   ）。

    A．双绞线   B．光纤

    C．同轴电缆   D．无线信道

4. 下图所示的设备是（   ）。

    A．Modem   B．LAN

    C．无线网卡   D．存储卡

设备管理器

5. TCP/IP 协议是 Internet 中计算机之间通信所必须共同遵循的一种（　　　）。

    A．通信规定　　　　　　　B．信息资源　　　　　　C．软件　　　　　　　D．硬件

6. IP 地址能够唯一地确定 Internet 中每台计算机与每个用户的（　　　）。

    A．距离　　　　　　　　　B．时间　　　　　　　　C．位置　　　　　　　D．费用

7. WWW 浏览器是用来浏览 Internet 上网页的（　　　）。

    A．数据　　　　　　　　　B．信息　　　　　　　　C．软件　　　　　　　D．硬件

二、实训题

1. 制作双绞线，并用测线仪测试是否制作正确。

2. 组建局域网并进行相应的设置，使得局域网内的计算机可以相互访问。

3. 配置无线路由器，使带无线网卡的笔记本电脑能够上网。

任务一　打印机安装与共享

一、任务分析

掌握打印机的安装方法；能正确设置打印机共享以便局域网内的其他计算机进行使用。

二、相关知识

（一）打印机的功能

打印机是重要的输出设备，用于将计算机运行的结果或中间结果打印在纸上，可以打印出各种文字、图形和图像等信息。打印机作为一种非常有用的输出设备已经被越来越多的用户所使用，如图 12-1 所示。

图 12-1　喷墨打印机与激光打印机

（二）打印机的类型

（1）普通打印机：

① 喷墨打印机：价格便宜，易实现彩色打印，但墨盒较贵；

② 激光打印机：技术成熟、快速安全、分辨率高，广泛使用。

（2）针式打印机：一般供开票用，普通场合使用不多。

（3）多功能数码一体机：带打印、复印、扫描功能。

（4）网络打印机：由数码一体机发展而来，可以独立设置 IP 地址直接接入网络。

三、任务实施

（一）打印机的安装

1. 常用打印机的安装

以上前三类打印机的安装方法差异不大，都是通过 LPT 线缆或 USB 线缆直接与主机相连，接通电源后，安装好驱动程序，就可以正常打印了。

（1）执行"开始"—"设置"—"控制面板"命令，打开"控制面板"窗口，如图 12-2 所示。

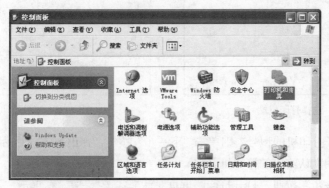

图 12-2　"控制面板"窗口

（2）双击"打印机和传真"图标，打开"打印机和传真"窗口，单击左上角的"添加打印机"图标。

（3）打开"添加打印机向导"对话框，单击"下一步"按钮。

（4）弹出"本地或网络打印机"对话框，选择"连接到此计算机的本地打印机"选项，默认勾选"自动检测并安装即插即用打印机"复选框，如图 12-3 所示。

（5）单击"下一步"按钮，系统开始对新打印机进行检测。如果系统能够识别新打印机，则依次单击"下一步"按钮就可以完成安装（如果操作系统没有自带该打印机的驱动，需要用户提供打印机的驱动程序）。

如果没有检测到即插即用打印机，则打开图 12-4 所示的对话框。

（6）单击"下一步"按钮，打开图 12-5 所示的对话框，选择打印机要使用的端口，通常选择 LPT1（推荐的打印机端口）。

（7）单击"下一步"按钮，打开图 12-6 所示的对话框，在左侧选择打印机的厂商，在右侧选择该打印机的型号。

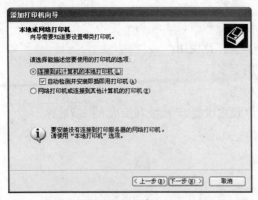

图 12-3　"添加打印机向导"对话框

图 12-4　新打印机检测

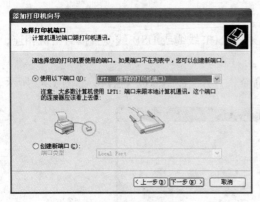

图 12-5　选择打印机端口

图 12-6　安装打印机软件

（8）如果列出了打印机的型号，则单击"下一步"按钮，弹出图 12-7 所示的对话框，为打印机命名，也可以使用默认给出的打印机名称。

（9）单击"下一步"按钮，打开打印测试页对话框，选择"是"，单击"下一步"按钮。

（10）弹出"正在完成添加打印机向导"的对话框，如图 12-8 所示。单击"完成"按钮，完成打印机的安装。

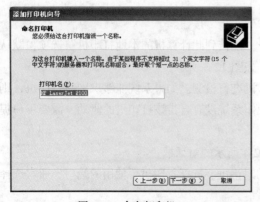

图 12-7　命名打印机

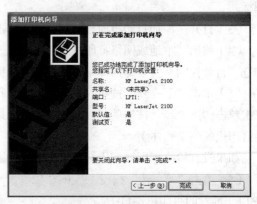

图 12-8　完成添加打印机向导

说明：如果在图 12-6 所示的列表框中没有列出打印机的型号，或者有随机附带的驱动光盘(包括下载得到的驱动程序)，可将光盘放入光驱（或将驱动程序复制到计算机），单击"从磁盘安装"按钮。打开图 12-9 所示的对话框，单击"浏览"按钮，找到光盘中或下载的驱动程序，确定后进行安装。某些型号的打印机厂商提供的驱动程序可能是可执行文件，双击文件图标执行程序，根据提示信息进行安装就可以了。

2. 网络打印机的安装

带独立 IP 地址的网络打印机，其安装方式与以上几种打印机类似，但部分设置有一定的差异。

（1）设置好网络打印机 IP 地址，接入网络。

（2）进入控制面板，双击"打印机和传真"图标，单击"添加打印机"按钮，启动添加打印机向导，单击"下一步"按钮。

图 12-9　从磁盘安装驱动

（3）选择"连接到此计算机的本地打印机"单选按钮，单击"下一步"按钮，如图 12-10 所示。

（4）选择"创建新端口"单选按钮，将"端口类型"下拉列表框设置为"Standard TCP/IP Port"，如图 12-11 所示。单击"下一步"按钮。

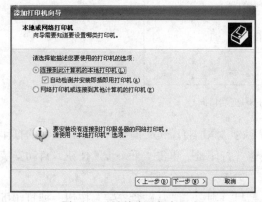

图 12-10　连接本地打印机

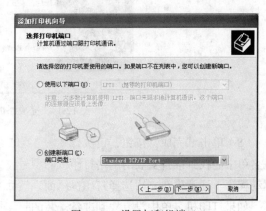

图 12-11　设置打印机端口

（5）进入"欢迎使用添加标准 TCP/IP 打印机端口向导"界面，如图 12-12 所示。

图 12-12　添加标准 TCP/IP 打印机端口向导

（6）单击"下一步"按钮，输入打印机的 IP 地址，端口名会自动添加，如图 12-13 所示。

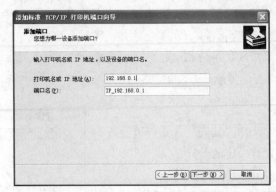

图 12-13　添加打印机 IP

（7）单击"下一步"按钮，打开图 12-14 所示的对话框。

图 12-14　完成添加打印机端口向导

（8）单击"完成"按钮，再次打开图 12-15 所示的"添加打印机"向导。如果在右侧的打印机名单中能找到准备安装的网络打印机的型号，则选择打印机，单击"下一步"按钮，自动安装驱动程序（注意先在左边选择打印机厂商，然后在右边选择打印机型号）。

如果打印机名单中没有找到准备安装的打印机型号，则单击"从磁盘安装"按钮，把打印机驱动光盘放入光驱，或指定驱动程序的位置安装驱动。

驱动安装后，完成添加打印机向导，如图 12-16 所示。

图 12-15　选择打印机驱动程序

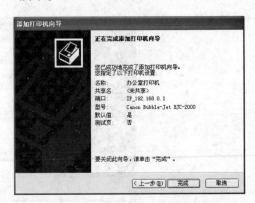

图 12-16　完成添加打印机向导

（二）打印机的共享

驱动程序安装正确的话，打印机就可以正常使用了。如果其他计算机要想使用这台打印机的话，要么在刚才那台计算机上设置打印机共享，要么按照上述过程安装网络打印机，后者的操作比较麻烦。

以下操作将在已经安装好网络打印机的计算机上设置打印机共享，使其他计算机都可以通过网络连接共享使用这台打印机。设置方法介绍如下。

（1）在控制面板中双击"打印机和传真"图标，在打开的对话框中选中需要设置共享的打印机，用鼠标右键点击，在弹出的快捷菜单中选择"共享"选项，如图 12-17 所示。或单击"属性"选项，打开打印机属性设置界面，再单击"共享"标签。

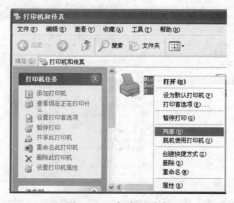

图 12-17　打印机共享

（2）选中"共享这台打印机"，并设置共享名，共享名也可以为默认设置。

（3）打印服务器（即连接打印机的计算机）必须跟客户机（使用共享打印机的其他计算机）处于同一子网内，否则无法正常工作。要求每台计算机的 IP 地址前三位数相同、子网掩码相同、网关相同，在图 12-18 所示界面的"Internet 协议 TCP/IP"属性中进行设置。

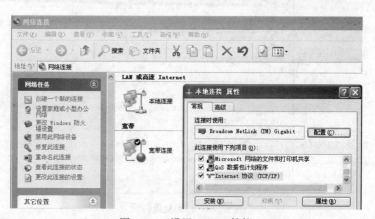

图 12-18　设置 TCP/IP 协议

（4）打印服务器与客户机最好是同一个工作组，可以右键单击"我的电脑"，选择"属性"菜单项，在弹出的"系统属性"对话框中选择"计算机名"选项卡，单击"更改"按钮，在打开的

"计算机名称更改"对话框中输入相同的工作组名称。

（5）有时会出现无法添加局域网中共享的打印机的情况，这可能由于想要添加打印机的计算机中未能启动 Computer Browser 服务。而 Computer Browser 服务依赖于 Server 和 Workstation 这两个服务。首先开启 Server、Print Spooler 服务，在"控制面板"对话框中双击"管理工具"图标，再双击"服务"图标；或者执行"开始菜单"—"运行"命令，在"运行"对话框中输入"services.msc"，打开"服务"窗口，找到 Server 和 Print Spooler 这两项服务，设置为自动启动，如图 12-19 所示。一般情况下系统默认为自动启动。启动这两项服务之后，再启动 Computer Browser 服务并将该服务设置为自动启动。

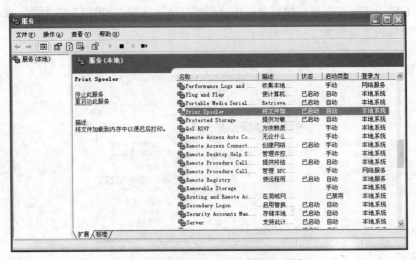

图 12-19　开启 server、Print Spooler 服务

（6）打印服务器上必须在打印机属性设置界面中设置好权限。将 Everyone 或 guest 账户的权限设置为"打印"—"允许"，如图 12-20 所示。

图 12-20　打印机属性设置

（7）打印服务器的网络属性也要进行相关设置，如图 12-18 所示。在对话框中勾选"Microsoft 网络的文件和打印机共享"复选框。

任务二　扫描仪安装与维护

一、任务分析

掌握扫描仪的安装方法；能正确安装扫描仪驱动并对其进行维护。

二、相关知识

（一）扫描仪的工作原理

扫描仪是一种光、机、电一体化的高科技产品，它是将各种形式的图像信息输入计算机的重要工具，是继键盘和鼠标之后的第三代计算机输入设备。扫描仪具有比键盘和鼠标更强的功能，从最原始的图片、照片、胶片到各类文稿资料都可用扫描仪输入到计算机中，进而实现对这些图像形式的信息的处理和使用，配合光学字符识别软件 OCR（Optic Character Recognize）还能将扫描的文稿转换成文本形式。

扫描仪的工作原理如下：自然界的每一种物体都会吸收特定的光波，而没被吸收的光波就会反射出去。扫描仪就是利用上述原理来完成对稿件的读取的。扫描仪工作时发出的强光照射在稿件上，没有被吸收的光线将被反射到光学感应器上。光感应器接收到这些信号后，将这些信号传送到模数（A/D）转换器，模数转换器再将其转换成计算机能读取的信号，然后通过驱动程序转换成显示器上能看到的正确图像。扫描仪的外观如图 12-21 所示。

（二）技术指标

扫描仪的主要技术指标可分为以下 5 种。

（1）分辨率。分辨率是扫描仪最主要的技术指标，它表示扫描仪对图像细节上的表现能力，即决定了扫描仪所记录图像的细致度，其单位为 PPI（Pixels Per Inch）。通常用每英寸长度上扫描图像所含有像素点的个数来表示。目前大多数扫描的分辨率在 300～2400PPI 之间。PPI 数值越大，扫描的分辨率越高，扫描图像的品质越好。

图 12-21　桌面扫描仪

（2）灰度级。灰度级表示图像的亮度层次范围。级数越多扫描仪图像亮度范围越大、层次越丰富，目前多数扫描仪的灰度为 256 级。

（3）色彩数。色彩数表示彩色扫描仪所能产生颜色的范围，色彩数越多扫描图像越鲜艳真实。

（4）扫描速度。扫描速度通常用指定的分辨率和图像尺寸下的扫描时间来表示，速度越快越好。

（5）扫描幅面。表示扫描图稿尺寸的大小，常见的有 A4、A3、A0 幅面等。

三、任务实施

（一）安装驱动程序

以 EPSON Perfection 1200 为例介绍扫描仪的安装。

（1）将扫描仪和计算机通过 USB 线或 SCSI 线相连（使用 SCSI 接口的扫描仪，如 GT-10000+、Perfection 1200S，计算机端必须首先安装好 SCSI 卡并且安装了 SCSI 卡驱动），并打开扫描仪电源。

（2）计算机系统检测到新硬件，弹出"找到新的硬件向导"对话框，选择"从列表或指定位置安装（高级）"单选按钮，如图 12-22 所示。单击"下一步"按钮。

如果系统没有弹出"找到新的硬件向导"窗口，可以按以下方法进行检测：

① 检测 USB 电缆的长度，建议 USB 电缆线不要超过 1.8m。

② 通过"控制面板"中的"添加硬件"来检测新硬件。

③ 通过检测新硬件来发现扫描仪。依次打开"开始菜单"—"控制面板"—"系统"—"硬件"—"设备管理器"—"图像处理设备"，查看使用的扫描仪名称前面是否出现黄色"！"图标或"？"图标。如有黄色"！"或"？"，可右键点击出现黄色"！"或"？"的扫描仪名称，然后选择"卸载"。重新启动计算机或通过"控制面板"下的"添加硬件"来检测新硬件。

（3）在"请选择您的搜索和安装选项"界面中选择"在这些位置上搜索最佳驱动程序"，如图 12-23 所示。

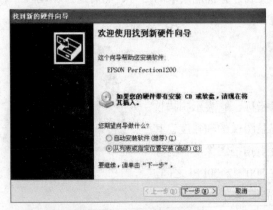
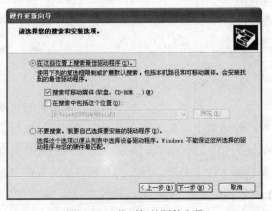

图 12-22　找到新的硬件向导　　　　　图 12-23　找到新的硬件向导

（4）如果通过随机提供的驱动程序光盘进行安装，建议选择"搜索可移动媒体（软盘、CD-ROM...）"，单击"下一步"按钮开始安装驱动程序，如图 12-24 所示。

如果已经从官方网站下载了驱动程序，在图 12-23 所示的对话框中建议选择"在搜索中包括这个位置"复选框，并且单击"浏览"按钮，弹出图 12-25 所示的"浏览文件夹"对话框。选中驱动文件所在的目录，单击"确定"按钮，再单击"下一步"按钮，开始安装驱动程序。

（5）安装完成后，弹出"完成找到新硬件向导"对话框，如图 12-26 所示。单击"完成"按钮，完成驱动的安装。

（6）检查驱动是否正确安装。依次打开"开始菜单"—"控制面板"—"扫描仪和照相机"，在"安装了下列扫描仪或照相机"中选择安装的扫描仪图标，右键点击选择"属性"菜单项，在打开的属性对话框中查看，当"扫描仪状态"为"设备就绪"时，说明扫描仪及驱动已正确安装，如图 12-27 所示。

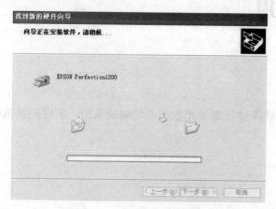

图 12-24　安装驱动程序界面

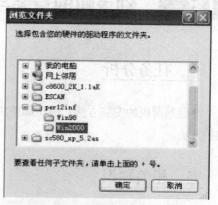

图 12-25　"浏览文件夹"对话框

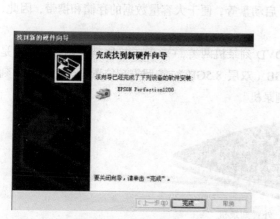

图 12-26　安装完成

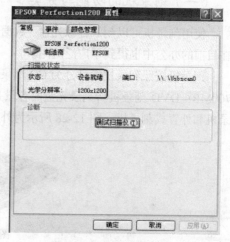

图 12-27　扫描仪属性

（二）扫描仪的维护

1．要保护好光学部件

扫描仪在扫描图像的过程中，通过一个叫光电转换器的部件把模拟信号转换成数字信号，然后再送到计算机中。这个光电转换设置非常精致，光学镜头或者反射镜头的位置对扫描的质量有很大的影响。因此在工作的过程中，不要随便地改动这些光学装置的位置，同时要尽量避免对扫描仪的震动或者倾斜。在运送扫描仪时，一定要把扫描仪背面的安全锁锁上，以避免改变光学配件的位置。

2．做好定期的保洁工作

扫描仪是一种比较精致的设备，平时一定要认真做好保洁工作。扫描仪中的玻璃平板以及反光镜片、镜头，如果落上灰尘或其他一些杂质，会使扫描仪的反射光线变弱，从而影响图片的扫描质量。为此，一定要在无尘或者灰尘尽量少的环境下使用扫描仪，用完以后，一定要用防尘罩把扫描仪遮盖起来，以防止更多的灰尘来侵袭。

当长时间不使用时，还要定期地对其进行清洁，重点做好玻璃平板的清洗工作。

任务三 刻录机的安装与使用

一、任务分析

掌握刻录机的安装方法；能正确使用刻录软件进行常见光盘类型的刻录操作，掌握刻录机的维护方法。

二、相关知识

（一）刻录机的功能与分类

使用刻录机可以刻录音像光盘、数据光盘、启动盘等，便于大容量数据的存储和携带，因此，在目前的办公中也得到了广泛应用。

刻录机按照刻录技术可分为 CD 刻录机和 DVD 刻录机两类，CD 刻录机所刻录光盘的容量是 700MB；DVD 刻录机所刻录光盘的容量是 4.5GB（双层 8.5GB）。按照安装位置可分为内置式刻录机和外置式刻录机，图 12-28 所示为外置式刻录机。

图 12-28　外置刻录机

（二）刻录机的使用

为了降低刻录出错的几率，延长刻录机的使用寿命，在使用刻录机时应该注意以下几个方面：

1. 增加系统内存

Windows 启动以后，要占用大量的系统内存，如果系统内存不够大，在运行一些软件的时候，Windows 不得不使用硬盘来虚拟系统内存。而刻录机在刻录时也要在硬盘上读取需刻录的数据，硬盘磁头工作负荷过大，刻录出错的概率就会大大增加，所以增加系统内存是改善刻录环境的重要手段之一。

2. 不要通过局域网来刻录数据

虽然内部局域网使用起来很方便，而且拥有比较高的数据传输率，但最好不要通过局域网来刻录数据文件，应该先将要刻录的数据复制到安装刻录机的主机上再进行刻录工作，这样才更加安全。

3. 单独使用一根 IDE 数据线和接口

有些用户的 IDE 设备可能比较多，往往将刻录机与其他 IDE 设备接在一个 IDE 接口或 IDE 数据线上，这样也会降低刻录的安全性，最好是将刻录机单独连接在一个 IDE 数据线上，而且跳线也设成 Master 主跳线口。

4. 刻录时关闭所有的后台操作

道理和前面提到的增加系统内存一样，主要是改善刻录环境，减少刻录失败的因素。

5. 避免长时间的持续刻录

过长的工作时间会使刻录机发热量和疲劳度增加，影响刻录机的使用寿命，也会使刻录失败的概率增大。

三、任务实施

（一）刻录机的安装与维护

刻录机的安装

（1）拔掉主机电源的插头，打开计算机机箱的外壳。

（2）选择一个空闲的 5 英寸插槽，卸下挡板，然后将刻录机置于空闲的 5 英寸插槽位置。

（3）将刻录机与主板连接。

如果主板上第 2 个 IDE 连接口未连接任何设备，则可将刻录机的跳线设置为 Master，并将刚才连到刻录机后部的数据线直接连接到主板上第 2 个 IDE 连接口就可以了。

如果 CD-ROM 已连接到主板上的第 2 个 IDE 连接口，则可将 CD-ROM 的跳线设置为 Slave，刻录机的跳线设置为 Master，并将该 CD-ROM 连接到主板上，再把数据线的另一个连接口与刻录机相连。应注意需确保数据线带红色标记的一边连接到刻录机的 Pin1。

（4）将刻录机置于合适位置后，用螺丝紧固，找到可用的电源连接口并将它插入刻录机的电源连接口。

（5）重新启动计算机后，系统就可自动识别所连接的刻录机的型号。如果系统不能正确识别刻录机的型号，再安装刻录机的驱动就可以了。

（二）刻录机的维护

刻录机比起普通的光盘驱动器要娇贵得多，所以在保养时要更加小心，维护时注意以下几个方面。

（1）灰尘对任何光盘驱动器来说都是致命的杀手，刻录机也不例外，所以要注意改善它的工作环境，更好地保护刻录机。

（2）刻录机工作时发热量很大，所以对内置式刻录机要使用比较宽畅的机箱。另外，不要让它和其他发热量大的设备（如硬盘、CD-ROM）距离太近。

（3）不要经常用刻录机读盘。如果长期把它当光驱使用的话，会使得激光头老化变快，整个刻录机的寿命也会缩短。

（4）避免长时间的持续刻录，减缓刻录机的老化。

（5）不要使用质量太差的刻录盘片，否则对刻录机的刻录激光头伤害很大。

（三）刻录软件 Nero 的使用

Nero 是世界闻名的光碟烧录软件，支持中文长文件名烧录，也支持 ATAPI（IDE）的光碟烧录机，可烧录多种类型的光碟片，是一个相当不错的光碟烧录程序，Nero11 全面支持 DVD 盘的刻录。

1．Nero11 的安装过程

（1）双击"Nero11.exe"安装程序，进入安装过程的欢迎界面，如图 12-29 所示。

（2）弹出图 12-30 所示的界面，单击"安装"按钮。

图 12-29　Nero11 安装欢迎界面

（3）安装过程中提示需重新启动系统才能完成 Nero11 的安装，重启后弹出图 12-31 所示的界面。

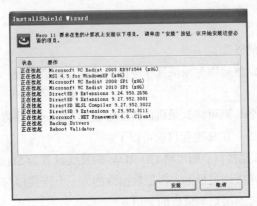

图 12-30　Nero11 安装界面

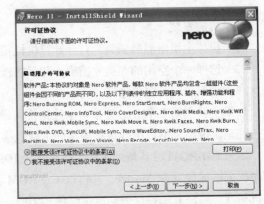

图 12-31　Nero11 许可证协议界面

（4）选择"我接受该许可证协议中的条款"单选项后，单击"下一步"按钮，在图 12-32 所示的界面中输入序列号。

（5）单击"下一步"按钮，完成安装，如图 12-33 所示。

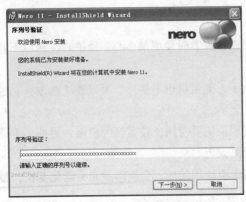

图 12-32　Nero11 序列号验证界面

图 12-33　Nero11 安装完成界面

2．利用 Nero11 刻录 ISO 文件

（1）运行 Nero11 软件，打开图 12-34 所示的欢迎界面。

（2）选择界面右侧 Nero 应用程序中的"Nero Burning ROM"，单击"开始"按钮，打开图 12-35 所示的界面。

图 12-34　Nero11 欢迎界面

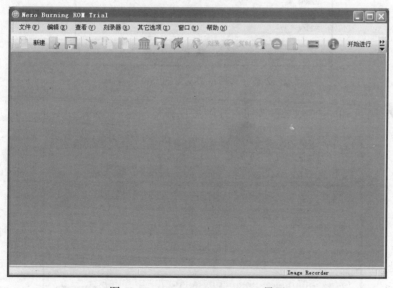

图 12-35　Nero11 Burning ROM 界面

（3）单击"新建"按钮，弹出 Nero11 Burning ROM 的编辑界面，如图 12-36 所示。

（4）在左侧窗格选择"CD-ROM"选项，再在右侧窗格选择"刻录"选项卡，单击"打开"按钮，弹出"打开"对话框，如图 12-37 所示。

255

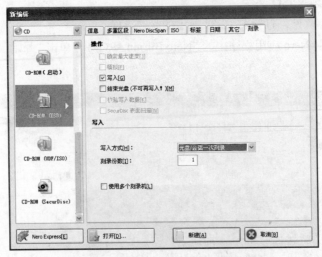

图 12-36 Nero11 Burning ROM 的编辑界面

图 12-37 选择将要刻录的 ISO 文件

（5）选择文件后，单击"刻录"按钮，开始将数据写入光盘，如图 12-38 所示。

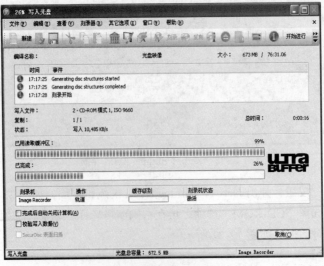

图 12-38 刻录 ISO 文件的过程

（6）刻录结束后，弹出"刻录完毕"提示框，单击"确定"按钮，完成 ISO 文件的制作，如图 12-39 所示。

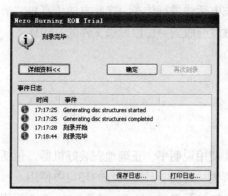

图 12-39　刻录完成界面

3．利用 Nero 刻录其他文件

使用 Nero 软件除了可以刻录光盘镜像文件制作镜像光盘之外，还可以用来刻录制作音乐光盘、视频光盘、数据光盘等。操作步骤与上面类似，需要先指定刻录光盘类型，然后添加要刻录到光盘上的文件，根据提示进行操作即可刻录制作相应类型的光盘。

任务四　传真机的使用与维护

一、任务分析

掌握传真机的安装方法；能正确使用传真机发送和接收传真，掌握传真机的维护方法。

二、相关知识

传真机是应用扫描和光电变换技术，把文件、图表、照片等静止图像转换成电信号，传送到接收端，以记录形式进行复制的通信设备，如图 12-40 所示。

图 12-40　传真机

市场上常见的传真机可以分为四大类：热敏纸传真机（也称为卷筒纸传真机）；激光式普通纸

传真机（也称为激光一体机）；喷墨式普通纸传真机（也称为喷墨一体机）；热转印式普通纸传真机。

传真机的工作原理很简单：先扫描即将需要发送的文件并转化为一系列黑白点信息，该信息再转化为声频信号并通过传统电话线进行传送。接收方的传真机"听到"信号后，会将相应的点信息打印出来，这样，接收方就会收到一份原发送文件的复印件。

三、任务实施

（一）安装传真机

（1）使用前，应仔细阅读使用说明书，正确地安装好机器，包括检查电源线是否正常、接地是否良好。机器应避免在有灰尘、高温、日照强烈的环境中使用。

（2）检查芯线。有些芯线如松下 V40、V60、夏普 145、245 等用的是 4 芯线，而有的用的是3 芯线，这两种连接如错误，则传真机无法正常通信。判断芯线是否连接正确的方法为：摘机后听拨号音是否有异常杂音，如"滋滋"声或"咔咔"声，如有则连接错误。

（3）记录纸的安装：记录纸有两种，传真纸（热敏纸）和普通纸（一般为复印纸）。

① 热敏纸：热敏纸是在基纸上涂上一层化学涂料，常温下无色，受热后变为黑色，所以热敏纸有正反面区别，安装时须依据机器的示意图进行。如新机器出现复印全白时，故障原因可能是原稿放反或热敏纸放反。

② 普通复印纸：普通纸传真机容易出现卡纸故障，多数由于纸质量引起。一般推荐纸张重量为 80g/平方米，特别是佳能 B110、B150、B200、三星 SF4100 机型。

（二）传真机的使用步骤

不同类型的传真机除了控制面板、电路结构和外形不同外，它们的操作步骤也有所不同，因而各种传真机的使用均应按其说明书进行。

1. 发送传真的准备工作

（1）调整传真机的工作状态。

在传真通信前要根据发文要求和传输信道质量对传真机工作状态进行调整。

传真机和电话机使用的是同一条电话线路，当开展传真业务时，若传真机后板上有"传真/电话"开关的，必须将开关拨向"传真"的位置。

当传输信道质量好时，应调整机内开关使传真机采用高传输速率，并应用自动纠错功能。这样，既可保证通信质量，又可缩短传输时间。当传输信道质量较差时，可选择较低的传输速率。

（2）装入记录纸。

装纸时要注意以下问题。

① 记录纸的幅宽必须符合规格要求，纸卷两端不要卡得太紧。

② 记录纸卷要卷紧后再安放到机内，运输前要将纸卷取出。

③ 注意记录纸的正反。纸的正面应对着感热记录头（可用指甲或硬物在纸的两面划几下，有划痕的一面为正面）。

④ 记录纸的纸头应按说明书上的规定装到指定的位置。

（3）检查原稿。

一台传真机收到文件的质量部分地取决于发送的原文件质量，选择原稿文件时最好使用打印机打印的或用黑墨水书写的原稿，并且使用白色或浅色的纸作为介质。

（4）放置文件。

放置文件要注意以下事项。

① 一次放置的文件页数不能超过规定页数。

② 将待发送的文稿按传真机所示方向，放入传真机的进纸槽，并按尺寸调整导纸器，使之紧挨文件边缘。

③ 文件顶端要推进到能够启动自动输纸机构的地方。

④ 发送多页文件时，两侧要排列整齐，靠近导纸器，前端要摞成楔形。

2．试运行—复印

为了检查传真机是否能够正常工作，常采用复印（COPY）方式。因为传真机的复印过程实际上是自发自收，若复印的文件图像正常，就表明机器的各种技术性能也基本正常。反之，说明传真机有故障，需要修理。复印的具体操作步骤如下：

（1）接通电源开关，观察液晶显示屏是否出现"准备好"（READY），或检查指示灯亮否，若处于 READY 状态或灯亮则表明机器可以发送或接收。

（2）将欲复印的原稿字面朝下放在原稿台导板上。

（3）选择扫描线密度的档次。一般置于"精细"级，也可选择"标准"级或"超精细"级，不管选用那个档次，均有液晶显示或指示灯显示。

（4）原稿灰度调整。当原稿图文灰度非常黑时，将"原稿深浅"键置于"浅色"位置，若图文灰度较淡时，就将该键调至"深色"位置。

（5）最后按复印（COPY）键，再根据输出复印件（副本）的质量就可判断机器的好坏。

3．发送传真

发送传真方首先要拨通对方传真机的号码，发送端传真机通过检测回音信号来建立传真通信线路。当接收端确认了传真机已做好接收数据的准备后，会向发送端发送一个证实信号。

具体操作步骤如下。

（1）检查机器是否处于"准备好"（READY）状态。

（2）放置好发送原稿。

（3）摘取话机手柄，拨通对方电话号码，并等待对方回答。（如果不进行通话，可跳过（4）、（5）两步。）

（4）双方进行通话。

（5）通话结束后，由收方先按启动键。

（6）当听到收方的应答信号时，发方按启动键，文稿会自动进入传真机，开始发送文件。

（7）挂上话机听筒，等待发送结束。若发送出现差错，则会有出错信息显示，应重发，若传输成功，此时将会显示"成功发送"信息。发送操作时应注意：

① 若按下"停止（STOP）"键时，发送马上停止，这时卡在传真机中的原稿，不能用手强行抽出，只能掀开盖板取出。

② 在发送传真期间，不允许强抽原稿，否则会损坏机器和原稿。

③ 当出现原稿阻塞时，要先按"停止（STOP）"键，然后掀开盖板，小心取出原稿。若原稿出现破损，一定要将残片取出，否则将影响机器的正常工作。

④ 若听到对方的回铃音，而听不到机器的应答信号时，不要按启动键，应打电话问明情况后再做处理。

4．接收传真

传真机的接收功能有两种方式：一种是自动接收，另一种是手动接收。

（1）自动接收。凡具有自动接收功能的传真机都能按此方式操作。在接收前首先要检查接收机内是否有记录纸，各显示灯或液晶显示是否正常，只有当接收机处于"准备好"状态时才能接收。自动接收时，无需操作人员在场。过程如下：

① 电话振铃若干声后，机器自动启动转入自动接收状态，液晶显示"RECEIVE"接收状态或接收指示灯亮，表示接收开始；

② 接收结束时，机器自动输出传真副本，液晶显示"RECEIVE"消失或接收指示灯熄灭；

③ 机器自动回到"准备好（READY）"状态。

（2）手动接收，操作步骤如下：

① 使机器处于"准备好（READY）"状态；

② 当电话振铃后，拿起话机手柄回答呼叫；

③ 按发方要求，按"启动（START）"键，开始接收；

④ 挂上话机；

⑤ 接收完毕，若成功，则会有通信成功的信息显示；若不成功，则会有出错信息显示或警告，可与发方联络，要求重发，直至得到满意的传真副本。

（三）传真机的维护

1．选择安装场所

选择传真机的安装场所应注意以下问题。

（1）一定要用匹配的、标准化的交流电源插头和插座，插头在插座中不能松动，勿与产生噪声的电器（如空调机、电传打字机等）共用电源，而且接地一定要好，否则会造成误码率高、传真质量差的不良现象。如果漏电或烧坏芯片会严重危害人身安全。

（2）避免阳光的直射和灰尘的侵害，远离火炉等热源，以保证机器良好的散热和热敏纸不会变质。

（3）放置于水平平稳的工作台上，避免倾斜而影响正常工作。

2．传真机的使用注意事项

（1）除待传送的文稿之外，不要在传真机上放置任何其他东西。

（2）传真机在发送、接收或复印时，绝不可打开传真机的机盖。

（3）在打开机盖取出机内任何东西之前，一定要拔掉交流电源的插头。

3．操作和清洁

对于传真机的操作与清洁，要注意以下几点。

（1）清洁传真机的外表面只能使用干布或特殊清洁剂。在清洁透镜时最好使用专门的镜头纸（可用照相机用镜头纸）擦试。

（2）扫描的视窗玻璃由于连续不断的使用可能会造成灰尘的积聚，因此要经常清洁扫描的视窗玻璃。

（3）透镜与 CCD 的相对位置通常是用专门仪器调试以后点漆固定的，平时不要擅自去移动。

（4）使用 CCD 作为图像传感器的传真机，具有复杂的光路系统。无论工作环境如何完善，长期使用后，在光路系统的透镜上总会堆积许多灰尘，其后果是使传真的图像不清晰。这时，就需请专门的技术人员，将传真机拆开对系统加以清洁。

4．传真纸的保管和使用

传真机使用的记录纸有普通纸和热敏纸两种，热敏纸的保管和使用要注意以下事项：

（1）热敏纸的一面涂有化学物质，当受热时（温度在 60℃以上）则呈现出颜色，而且当其与酒精、汽油、氨接触或长期暴露在紫外线下都会变化，所以在保管时不要与这些物质混存。

（2）未开封的热敏纸应保存在温度 24℃以下。

（3）热敏纸打印的稿件及已开封的纸应保存在 40℃以下的阴暗干燥的地方。

（4）不宜将两张复印件的画面相接触重叠存放，因为这样会使图像模糊或倒印在另一个图像上。

（5）热敏纸打印的稿件不能久存（一般一个月后就开始褪色），所以不能作为档案资料。

任务五 多功能一体机的安装与使用

一、任务分析

掌握多功能一体机的安装方法；能正确使用多功能一体机进行打印、复印、扫描等工作。

二、相关知识

随着人们在办公过程中对打印、复印、扫描、传真等功能的需要，生产厂商将以上功能进行综合，形成所谓的多功能一体机。目前常见的多功能一体机中，有的具有打印、复印、扫描功能，有的同时具有传真功能。

图 12-41 所示为佳能 iC MF4420n 多功能一体机，它整合了最基本的黑白打印、黑白复印和彩色扫描等功能，以成本低廉、使用灵活等特点，在办公打印领域占有重要的市场份额。该一体机还提供了 1 个百兆网络接口，可以为用户提供网络打印服务。本任务以佳能 MF4420n 多功能一体机为例，介绍一体机的安装和使用。

图 12-41 佳能 iC MF4420n 多功能一体机

三、任务实施

（一）一体机的安装

1．硬件安装

（1）将 USB 线缆的一端连接到一体机，另一端连接到计算机的 USB 接口。

（2）将网线连接到一体机的网络接口。

（3）连接电源线缆（以上线缆在一体机背部的接口如图 12-42 所示）。

（4）取出硒鼓，抽出硒鼓上的拉环，再将硒鼓安装进一体机。可以看到，多数多功能一体机的硒鼓和普遍激光打印机中的硒鼓是一样的，佳能 MF4420n 多功能一体机的硒鼓如图 12-43 所示。

图 12-42　一体机背部接口设计

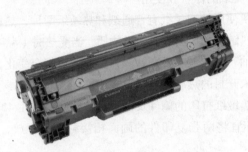

图 12-43　佳能 MF4420n 的硒鼓

2．驱动安装

大部分一体机的驱动程序为可执行程序，只要将驱动光盘放入计算机的光驱，双击安装程序，根据系统提示进行安装就可以了（在安装模式中建议选择"简单安装"模式）。

如果一体机的驱动程序不是可执行文件，可参考普通打印机的驱动安装方法进行安装。

（二）使用一体机进行打印

具体操作步骤如下。

1．使用一体机进行打印和使用普通打印机进行打印的操作差异不大，只需在相应的应用程序中，选择"打印"菜单，然后指定打印机为一体机就可以了。

2．佳能 MF4420n 提供了打印首选项设计，支持多种打印模式选择，并且根据待打印文件类型的不同，可以自动进行打印模式的调整。

3．在 MF4420n 的打印"属性"中，可以指定打印首选项，分别如图 12-44 和图 12-45 所示。

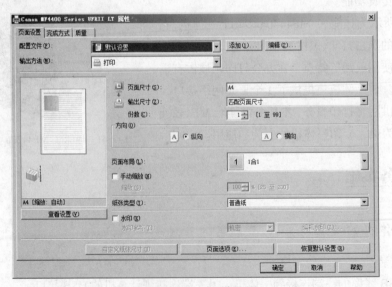

图 12-44　页面设置

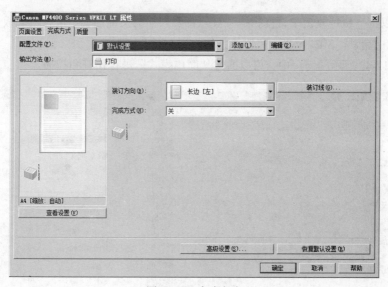

图 12-45　完成方式

（三）使用一体机进行复印

具体操作步骤如下。

1. 掀开一体机的盖板，如图 12-46 所示。将要复印的文件面朝下放在玻璃板上。

2. 盖上盖板，按下操作面板左上角的"复印/扫描"按钮，如图 12-47 所示。

图 12-46　掀开盖板

图 12-47　操作面板

3. 如果要复印第二页文件，重新掀开盖板，重复前两步就可以了。

4. 如果要将一页文件复印多份，先在液晶显示屏中设置复印份数，再按 "复印/扫描"按钮进行复印。

（四）使用一体机进行扫描

具体操作步骤如下。

1. 掀开一体机的盖板，将要扫描的文件面朝下放在玻璃板上。

2. 盖上盖板，按下操作面板左上角的"复印/扫描"按钮，在液晶显示屏中指定将文件或图片扫描到计算机中。

3．也可以选择从计算机中直接扫描。首先将要扫描的文件面朝下放在玻璃板上，盖上盖板，然后在计算机中启动"MF Toolbox"软件。

4．在图 12-48 所示的窗口中，可以通过"简单模式"进行预览和扫描。

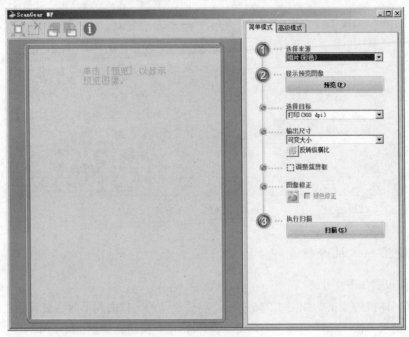

图 12-48　简单模式

5．切换到"高级模式"，可以对分辨率、图像尺寸、图像修正等参数进行具体设置，如图 12-49 所示。设置好之后，再进行预览和扫描操作。

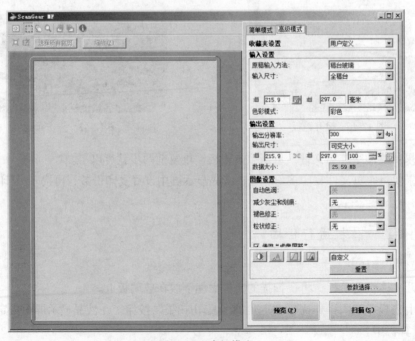

图 12-49　高级模式

 课后习题

一、选择题

1. 下列（　　）属于击打式打印机。

　　A．喷墨打印机　　　　　　　　　　B．针式打印机

　　C．激光打印机　　　　　　　　　　D．图形扫描仪

2. 打印机是一种（　　）。

　　A．输出设备　　　　　　　　　　　B．输入设备

　　C．存储设备　　　　　　　　　　　D．输入/输出设备

3. 下列打印机中打印质量最好的是（　　）。

　　A．针式打印机　　　　　　　　　　B．激光打印机

　　C．喷墨打印机　　　　　　　　　　D．以上都不对

4. 针式打印机与喷墨打印机、激光打印机相比，其优点是（　　）。

　　A．打印质量好　　　　　　　　　　B．打印速度快

　　C．色彩数目多　　　　　　　　　　D．打印成本低

5. 在扫描仪中，使扫描的图像具有较好色彩效果的是（　　）。

　　A．手持式扫描仪　　　　　　　　　B．平板式扫描仪

　　C．滚筒式扫描仪　　　　　　　　　D．彩色扫描仪

6. 在扫描仪与计算机之间采用的接口类型中，传输速率最高的是（　　）。

　　A．USB 接口　　　　B．并口　　　　　　C．SCSI 接口　　　　　　D．串口

7. 在扫描仪中，提高电荷耦合器件上的光敏单元数量，可以提高扫描仪的（　　）。

　　A．分辨率　　　　　　　　　　　　B．色彩位数

　　C．扫描的幅面　　　　　　　　　　D．工作速度

8. 以上（　　）不属于刻录机的性能指标。

　　A．读写速度　　　　　　　　　　　B．接口方式

　　C．生产厂家　　　　　　　　　　　D．缓存容量

9. （　　）属于刻录软件。

　　A．AutoCAD　　　　B．Office　　　　　C．WPS　　　　　　　D．Nero

二、简答题

1. 打印机打印内容不完整，可能的原因有哪些？

2. 计算机中找不到扫描仪该如何处理？

3. DVD 刻录机使用过程中有哪些注意事项？

4. 传真机的技术指标有哪些？怎样正确使用和保养传真机？

三、实训题

1. 安装打印机并将其设置为可在局域网内共享。

2. 通过传真机收发传真。

3. 使用一体机进行文件打印和复印。

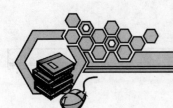

参考文献

[1] 褚建立，张小志. 计算机组装与维护实用技术（第2版）. 北京：清华大学出版社，2009

[2] 王若宾，张萌萌等. 计算机组装与维护实用教程. 北京：清华大学出版社，2011

[3] 杰创文化. 一看即会电脑组装与维护. 北京：科学出版社，2010

[4] 谭宁. 计算机组装与维护案例教程. 北京：北京大学出版社，2009

[5] 侯冬梅. 微机组装与维护案例教程. 北京：清华大学出版社，2011

[6] 卜锡滨. 计算机维护与无线网组建实训. 北京：电子工业出版社，2008

[7] 中关村在线. http://www.zol.com.cn/

[8] 中国电脑维修联盟. http://www.wxiu.com

[9] 太平洋电脑网. http://www.pconline.com.cn